AF473275

EXPÉRIENCES
CHIMIQUES

ET

AGRONOMIQUES

PAR

FRÉD. KUHLMANN,
Professeur de Chimie, membre correspondant de l'Institut.

PARIS,
VICTOR MASSON,
LIBRAIRE DES SOCIÉTÉS SAVANTES PRÈS LE MINISTÈRE DE L'INSTRUCTION PUBLIQUE,
Place de l'École de Médecine, 1.
MÊME MAISON, CHEZ L. MICHELSEN, A LEIPZIG.

1847

EXPÉRIENCES
CHIMIQUES
ET AGRONOMIQUES.

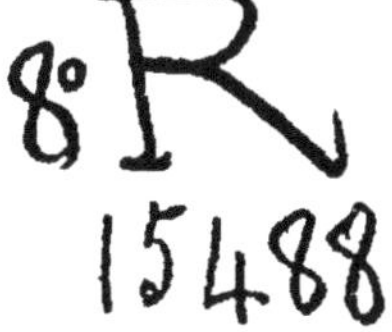

Corbeil, impr. de CRÉTÉ.

EXPÉRIENCES

CHIMIQUES

ET

AGRONOMIQUES

PAR

FRÉD. KUHLMANN,

Professeur de Chimie, membre correspondant de l'Institut.

PARIS,

VICTOR MASSON,

LIBRAIRE DES SOCIÉTÉS SAVANTES PRÈS LE MINISTÈRE DE L'INSTRUCTION PUBLIQUE,

Place de l'École de Médecine, 1.

MÊME MAISON, CHEZ L. MICHELSEN, A LEIPZIG.

1847

1.er MÉMOIRE SUR LA NITRIFICATION.

PRODUCTION NOUVELLE DE L'ACIDE NITRIQUE, DE L'AMMONIAQUE, DE L'ACIDE CYANHYDRIQUE, ETC.,

Décembre 1838.

Il est peu de phénomènes naturels qui aient plus attiré l'attention des savants de toutes les époques que ceux de la nitrification. Il est cependant peu de théories plus incertaines et plus obscures que celles qui servent encore de nos jours à expliquer ces phénomènes, bien que ces théories soient le résultat de nombreux travaux, d'une longue suite d'observations et de controverses souvent fort animées.

Tous les faits qui se rattachent à cette question ont une telle importance qu'ils sont présents à la mémoire de tous les chimistes ; aussi je crois superflu de les rappeler dans un exposé analytique qui allongerait sans utilité mon travail. Il ne me serait du reste pas donné de juger *à priori* du mérite des opinions diverses qui ont été émises et qui sont émanées pour la plupart de chimistes dont le nom seul est une garantie bien puissante de la valeur de leur assertions. Toutefois, comme dans toute science l'autorité des faits doit être plus puissante que l'autorité des noms, j'ai cru, dans l'intérêt des théories chimiques, devoir consigner quelques observations nouvelles sur la nitrification, observations déduites d'un ordre de faits jusqu'alors ignorés des chimistes.

Dans le courant de l'année 1825, j'ai indiqué, sur la demande de M. Mallet, commissaire en chef des poudres et salpêtres du département du Nord, une série d'expériences concernant la production du salpêtre. Ces expériences, approuvées par l'administration centrale, eurent lieu à la raffinerie royale de Lille ; mais une portion seulement des résultats me furent communiqués, M. Mallet étant décédé avant que tous ses résultats eussent pu être constatés. Toutefois il me fut possible de reconnaître que les matières animales, en l'absence de la chaux ou de la craie, donnaient naissance, par leur décomposition lente à l'air, à la formation d'une certaine quantité de nitrate d'ammoniaque. Ces résultats furent assez concluants pour porter chez moi la conviction que l'ammoniaque devait entrer habituellement comme agent dans le développement de la nitrification, aussi bien que la potasse, la chaux ou la magnésie. Je professai même publiquement cette opinion dans mon cours, quoique l'influence de cet agent n'eût pas été signalée jusqu'ici et que nulle mention de la présence du nitrate d'ammoniaque n'eût encore été faite dans les analyses des lessives de salpêtriers. Bientôt je trouvai une confirmation tacite de mon opinion dans le volume II, page 727, du *Traité de Chimie* de M. Dumas, publié en 1830. Voici de quelle manière s'exprime cet auteur :

« On observe que, dans la plupart des cas où la nitrification
» paraît s'effectuer sans le concours bien manifeste des matières
» animales, il se produit beaucoup de nitrate de potasse. Il y
» avait donc de la potasse en quantité proportionnelle dans les
» matières nitrifiées. Les matières salpêtrées des pays tempé-
» rés contiennent au contraire peu de nitrate de potasse et beau-

» coup de nitrate de chaux ou de magnésie. La potasse n'exis-
» tait donc qu'en faible portion dans ces matériaux. Ne serait-
» il pas possible que le rôle de la potasse ou plutôt du carbonate
» de potasse fût alors dévolu au carbonate d'ammoniaque, pro-
» duit constant de la décomposition des matières animales. On
» s'expliquerait ainsi la nécessité des matières animales là où
» il manque de la potasse, et l'on généraliserait le phénomène
» en ce sens que la production de l'acide nitrique serait partout
» effectuée par la combinaison des principes de l'air sous l'in-
» fluence de bases variables mais toujours énergiques.

» Mais, ajoute M. Dumas, s'il en était ainsi on devrait re-
» trouver dans les matériaux salpêtrés des sels ammoniacaux,
» quand il n'y a pas eu de chaux vive en présence de ceux-ci ;
» or, si ces sortes de sels se rencontrent en pareil cas, au moins
» ne les a-t-on jamais signalés, et c'est là même un des argu-
» ments qui peuvent appuyer l'opinion des chimistes qui
» pensent que l'azote des matières animales passe à l'état
» d'acide nitrique.»

Il m'importait de citer textuellement ce que M. Dumas a écrit sur cette question, car, fortifié dans mon opinion par une autorité aussi puissante, il devenait d'autant plus important pour moi d'établir comme un fait ce que M. Dumas n'avait présenté que comme une hypothèse. Je fus donc conduit à vérifier l'exactitude des analyses qui avaient été faites des eaux de lessivage des salpêtriers ; je fis plusieurs essais de ces eaux puisées dans diverses circonstances, et toujours, par la potasse, je pus en séparer des quantités assez considérables d'ammoniaque. Ces liquides, du reste, présentent une alcalinité plus ou moins marquée et laissent dégager de l'ammoniaque par l'action seule de la chaleur. Je m'assurai également que lors de la décomposition des lessives par un excès de carbonate de potasse, dans le travail des salpêtriers, il y avait déplacement d'ammoniaque dont le dégagement était surtout sensible pendant la concentration des liquides. Il n'y eut donc plus pour moi la moindre incertitude; l'ammoniaque devait être une des bases qui saturent l'acide nitrique dans la nitrification. Restait à examiner quel autre rôle cet alcali pouvait jouer dans cette opération.

D'après les idées généralement admises, l'azote de l'air ou l'azote des matières animales se combine à l'oxigène de l'air sous l'influence des carbonates de chaux et de magnésie ou du carbonate de potasse, lorsqu'il y a présence de cette dernière base. On comprendra facilement que lorsqu'il y a présence d'un sel comme le carbonate de potasse, agissant par sa grande puissance alcaline, les éléments de l'acide nitrique, soit qu'ils proviennent de l'air ou qu'ils soient formés en partie par la matière animale, puissent être sollicités à entrer en combinaison pour former du nitrate de potasse; mais en est-il de même du carbonate de chaux, du carbonate de magnésie, qui n'agissent nullement comme des bases libres? Cependant en présence des matières animales en putréfaction, de l'humidité et de l'air, les carbonates de chaux et de magnésie, qui présentent une certaine porosité, se transforment en partie en nitrates. Faut-il admettre que la tendance de l'azote à se combiner avec l'oxigène est assez grande pour que la formation de l'acide nitrique puisse avoir lieu sous la seule influence de la porosité des corps et que l'acide formé déplace l'acide carbonique des carbonates naturels? Mais on sait avec quelle difficulté l'azote de l'air se combine directement à l'oxigène. J'ai fait d'inutiles efforts pour opérer la combinaison de ces gaz sous l'influence des corps poreux dont l'action est la plus énergique: à peine si ces combinaisons ont pu être effectuées par une série d'étincelles électriques, ainsi que l'a constaté Cavendisch. Or, dans la décomposition des matières animales, il ne faut pas perdre de vue que l'azote naissant, en présence d'un excès d'hydrogène également naissant, doit former de l'ammoniaque de préférence à de l'acide nitrique, dont la formation nécessite l'absorption d'un gaz libre ou dans des conditions moins favorables à la combinaison. La question change de face en faisant intervenir dans la formation des nitrates l'ammoniaque lui-même comme provoquant par sa réaction alcaline la combinaison des éléments constituants de l'acide. Mais ce serait une explication incomplète et insuffisante que celle qui se bornerait à l'action alcaline de l'ammoniaque ou du carbonate d'ammoniaque, produit constant de toute décomposition animale; car le nitrate d'ammoniaque ne constitue qu'une faible partie des nitrates; la plus grande partie consistant en nitrate de chaux et en nitrate de magnésie, dont la formation ne se trouverait que difficilement justifiée, ainsi que nous l'avons indiqué plus haut. Tous les chimistes comprendront facilement que le nitrate d'ammoniaque puisse, au contact des carbonates calcaires et magnésiens, se décomposer, même à la température où la nitrification s'opère habituellement, et donner, par double décomposition, du nitrate de chaux ou de magnésie et du carbonate d'ammoniaque, ce dernier agissant comme précédemment, pour provoquer la formation de nouvelles quantités d'acide nitrique. Cette propriété tient à la grande facilité avec laquelle le carbonate d'ammoniaque se volatilise, surtout lorsqu'il est en contact de corps présentant un grand développement de surface à l'air, et qu'il n'y a pas une grande quantité d'eau pour le retenir.

Lorsqu'on mêle une dissolution de nitrate de chaux à une dissolution de carbonate d'ammoniaque, si la quantité du sel alcalin est faible, la précipitation du carbonate de chaux n'a pas lieu, ce qui explique que les lessives des salpêtriers, quoique contenant du nitrate de chaux, puissent être légèrement alcalines par la présence de l'ammoniaque carbonaté; mais si le mélange a lieu avec des liquides concentrés, le nitrate de chaux est décomposé en carbonate de chaux et il se forme du nitrate d'ammoniaque; si l'on chauffe légèrement le mélange de ces deux derniers sels, la plus grande partie du carbonate de chaux se redissout et il se dégage du carbonate d'ammoniaque en abondance. Une température de 25 à 30° suffit pour opérer une décomposition très-active du carbonate de chaux. Il se produit donc à une température modérée une réaction inverse de celle qui a lieu à froid ; or, nous savons qu'une température un peu élevée facilite considérablement la nitrification (1). Fondant mon opinion sur cette dernière réaction, je pense que l'ammoniaque peut ne pas seulement être considéré sous le rapport de son pouvoir de saturation de l'acide nitrique, mais qu'il peut aussi être envisagé comme un intermédiaire utile et même indispensable pour transporter l'acide dont il sert à déterminer la formation, sur la chaux ou la magnésie des carbonates insolubles, jouant en quelque sorte un rôle analogue à celui du deutoxide d'azote, qui, dans la fabrication de l'acide sulfurique, transporte l'oxigène de l'air sur l'acide sulfureux.

Jusqu'alors, j'ai envisagé la formation de l'acide nitrique sans égard aux corps qui doivent en fournir les éléments cons-

---

(1) La présence du carbonate d'ammoniaque dans les lessives des salpêtriers justifie l'absence totale du nitrate d'alumine dans les produits de la nitrification ; quant au nitrate de magnésie, on sait que ce sel peut exister en dissolution en présence du sel ammoniacal à l'état de bicarbonate, et que d'un autre côté sa précipitation, même en présence d'un carbonate neutre, est considérablement retardée lorsqu'il se trouve mélangé à du nitrate d'ammoniaque. La présence de ce dernier sel paraît aussi retarder un peu la précipitation du carbonate de chaux.

La constatation de la présence du nitrate d'ammoniaque dans la lessive des salpêtriers peut amener quelques modifications dans les procédés d'extraction du salpêtre. On sait que l'addition du carbonate de potasse pour la décomposition du sel calcaire et magnésien est calculée d'après la quantité de nitrates que les lessives contiennent, et qu'elle n'a pas lieu habituellement jusqu'à cessation de tout précipité, pour ne pas produire sans nécessité la décomposition de tous les chlorures (*). Comme le nitrate d'ammoniaque ne saurait être transformé en salpêtre qu'en présence d'un excès de carbonate de potasse, ce nitrate doit souvent échapper à la décomposition.

(*) *Art du Salpêtrier*, *par* Bottée *et* Riffault, p. 43.

titutifs, car le rôle qui peut être assigné à l'ammoniaque rend également admissible la formation de l'acide nitrique aux dépens de la matière animale elle-même ou aux dépens de l'air atmosphérique.

L'azote est-il fourni exclusivement par l'air, ou l'azote de la matière animale concourt-il à la formation de l'acide nitrique ?

Nous avons déjà dit que lors de la décomposition des matières animales, l'azote naissant se trouvait en contact avec l'hydrogène également naissant, et qu'il y avait tout lieu de penser que tout l'azote de la matière animale se transformait de préférence en ammoniaque; d'un autre côté, si l'azote des matières animales devait jouer un autre rôle que celui d'intermédiaire, (à l'état d'ammoniaque), pour former l'acide nitrique et le transporter sur la craie, il faudrait, pour expliquer la nitrification très-rapide dans de certaines localités, admettre la présence de grandes quantités de matières animales, présence que l'on ne justifierait que difficilement, tandis que si l'on a recours à la théorie où l'ammoniaque ne sert que d'intermédiaire, il sera facile de rendre compte de la formation des petites quantités d'ammoniaque qui sont nécessaires; il suffira en effet de bien peu de matières animales pour le produire, et même l'on pourra justifier sa formation par d'autres réactions chimiques que celles de la putréfaction des substances azotées.

Je pense donc que si la décomposition des matières animales ou une réaction analogue à la décomposition lente de l'eau par le fer en présence de l'air, est nécessaire pour fournir de l'ammoniaque, il devient facile d'expliquer le reste des phénomènes de la nitrification par la seule combinaison des éléments constitutifs de l'air en faveur de l'humidité, des corps poreux et surtout de l'ammoniaque, dont le rôle vient d'être décrit.

Nous verrons plus tard avec quelle facilité l'ammoniaque se produit, dans une infinité de circonstances, et combien il est probable que ce corps se forme par la décomposition des substances organiques, même non azotées, en présence de l'eau aérée.

Ainsi, ni la théorie ancienne, ni la théorie de M. Longchamp, ne sauraient être admises d'une manière absolue; car si d'un côté je puise les éléments constitutifs de l'acide nitrique dans l'air, de l'autre, je reconnais la nécessité de la présence des matières animales ou du moins de l'ammoniaque pour combiner ces éléments et pour opérer le transport de l'acide nitrique sur les carbonates de chaux et de magnésie. Le rôle que joue l'ammoniaque dans la nitrification étant bien défini, le mode de réaction qui amène la combinaison de l'azote avec l'oxigène de l'air est facile à comprendre. En effet, on sait que la nitrification ne saurait avoir lieu sans une humdité convenable; on sait également que l'eau a la propriété de dissoudre une petite quantité d'air, et même que l'air dissous contient une quantité plus considérable d'oxigène que l'air de l'atmosphère. MM. De Humboldt et Provençal évaluent cette quantité à 0,3105, et M. Gay-Lussac a reconnu que lorsqu'on chasse cet air par la chaleur, les dernières portions qui s'échappent contiennent jusqu'à 34,80 pour cent d'oxigène. Dans des circonstances si favorables, on peut facilement admettre que l'ammoniaque se combine à l'oxigène et à l'azote dissous dans l'eau pour former de l'acide nitrique; et comme la présence de l'air et de l'eau est constante, la formation de l'acide nitrique peut se continuer indéfiniment, l'eau servant de véhicule pour porter l'azote et l'oxigène de l'air sur l'ammoniaque, et l'ammoniaque servant de véhicule pour porter l'acide nitrique sur les carbonates insolubles. Ainsi l'eau et l'ammoniaque joueraient un rôle en quelque sorte analogue; l'un et l'autre ne serviraient que d'intermédiaire (1). Quelque attrayante que puisse paraître cette théorie; je ne saurais l'adopter encore d'une manière

(1) On sait que les dissolutions alcalines (PAYEN) *Annales de Chimie et de Physique*. Vol. 50, page 305.) ne dissolvent pas d'air atmosphérique, mais dans la nitrification la présence du carbonate d'ammoniaque ne saurait

définitive, et cette réserve m'est commandée par la gravité de la question. J'attends des résultats de quelques expériences directes sur l'action de l'air sur les dissolutions alcalines affaiblies avec ou sans la puissance de la craie, une confirmation de la réalité du mode de réaction que j'ai cherché à analyser.

Production artificielle de l'acide nitrique.

J'ai fait quelques expériences dans le but de produire artificiellement de l'acide nitrique. Je vais exposer le plus succinctement possible les nombreux résultats auxquels je suis parvenu et qui tendraient à faire admettre l'opinion que dans la nitrification l'ammoniaque lui-même est transformé en acide nitrique.

1. En faisant passer un courant de gaz ammoniaque mêlé d'air à travers un tube de verre contenant de l'éponge de platine, il n'y a aucune action sensible à froid ; mais à une température de 300° environ, le platine s'échauffe et arrive graduellement à une chaleur d'un rouge vif, surtout en présence d'un excès d'air, et il se dégage en abondance de la vapeur d'acide nitrique mêlé d'acide hyponitrique. En chauffant fortement le platine, le résultat est de l'acide hyponitrique pur. En mêlant à l'air un excès d'ammoniaque, il se forme également de l'acide hyponitrique qui se transforme en nitrate, sous l'influence de l'ammoniaque, de l'air et de l'eau.

2. En faisant passer à travers un tube de verre renfermant de l'éponge de platine chauffée au rouge un mélange d'oxigène et d'azote en diverses proportions, il ne se forme pas d'acide nitrique ou hyponitrique.

---

former obstacle à la dissolution de l'air ; dans aucun cas les dissolutions alcalines ne sont assez concentrées : car à l'état de dissolution concentrée, le nitrate de chaux ne peut exister en présence du carbonate d'ammoniaque.

3. La même expérience faite en substituant du noir de platine à l'éponge ne donne aucun signe de formation d'acide nitrique, ni à froid, ni par l'action d'une température graduellement élevée.

4. En faisant passer un courant d'air mêlé de gaz ammoniaque dans un tube de porcelaine chauffé au rouge, on obtient un peu d'acide hyponitrique et du deutoxide d'azote ; mais la réaction est lente.

5. De l'azote sec ou humide dirigé à travers un tube de porcelaine renfermant du peroxide de manganèse chauffé à une température favorable à la décomposition de cet oxide, ne se combine pas à l'oxigène naissant.

6. En faisant passer sur de l'éponge de platine chauffée un courant d'air chargé de vapeur de carbonate d'ammoniaque, il y a formation d'acide nitrique, mais la réaction est beaucoup moins énergique qu'avec l'ammoniaque non carbonaté.

7. En faisant passer un courant d'air chargé de vapeur de chlorhydrate d'ammoniaque sur de l'éponge de platine chauffée, la réaction est très-vive; il se forme un mélange d'acide nitrique et d'acide chlorhydrique, et par suite du chlore, de l'acide hyponitrique et de l'eau.

8. Du cyanogène mêlé d'un excès d'air étant dirigé sur de l'éponge de platine chauffée, il se forme de l'acide carbonique et de l'acide hyponitrique (1).

On remarquera, par les résultats qui précèdent, que j'ai fait une application heureuse de l'action de l'éponge de platine, action

---

(1) Réactions :

1.re Expérience. $NH + 7O = NO^4 + 3HO$.

6.e » $(CO^2 + NH^3) + 7O = NO^4 + 3HO + CO^2$.

7.e » $(ClH + NH^3) + 7O = NO^4 + 3HO + ClH$.

8.e » $NC^2 + 8O = NO^4 + 2CO^2$.

limitée jusqu'alors aux mélanges d'oxigène et d'hydrogène, et que j'ai étendue à d'autres mélanges gazeux. Mais une circonstance qui doit frapper tout le monde, c'est que, contrairement à ce que l'on devait penser, le noir de platine n'a pas eu dans mes expériences une énergie d'action comparable à celle de l'éponge de platine ; il n'en exerce même aucune immédiatement. J'ai essayé si cette action pouvait s'effectuer lentement et à la température ordinaire, mais jusqu'ici je n'ai encore rien observé qui justifiât cette opinion ; il est vrai que le contact des corps mis en présence ne date pas encore de longtemps. Du reste il n'est pas fort étonnant qu'en utilisant une force qui ne nous est pas encore bien connue, force que M. Berzélius désigne sous le nom de force catalytique, nous ne puissions pas facilement prévoir les résultats de nos essais.

On remarquera enfin que l'acide nitrique n'a pu être obtenu par aucun autre moyen que par la décomposition de l'ammoniaque ou du cyanogène ; c'est-à-dire qu'il a fallu prendre l'azote dans une combinaison où il se trouvait préalablement engagé. Tous les composés azotés, sans exception aucune, paraissent pouvoir par oxigénation être convertis en acide nitrique.

En présence de ces faits, il est difficile de ne pas adopter l'opinion de la formation de l'acide nitrique aux dépens des principes constituants de l'ammoniaque lui-même, de l'ammoniaque qui, sous l'influence de l'air, de l'eau et des corps poreux, absorberait assez d'oxigène pour passer à l'état d'acide nitrique et d'eau. L'on peut à la vérité faire à cette théorie de la formation des salpêtres l'objection que jusqu'ici l'oxigénation de l'ammoniaque n'a pu avoir lieu, ni par l'éponge de platine, ni par le noir de platine, à la température à laquelle la nitrification se produit, et qu'en conséquence cette oxigénation est difficile à admettre dans des circonstances moins favorables sous le rapport de la nature des corps poreux, en faveur desquels les combinaisons nouvelles devraient s'effectuer. Mais on devra reconnaître que si, dans la nitrification, le corps poreux paraît moins favorable que l'éponge de platine pour déterminer la réaction, du moins l'oxigène est présenté à l'ammoniaque dans un état de condensation ou de dissolution qui paraît propre à permettre la formation de l'acide nitrique (1). Enfin rien ne prouve encore qu'avec le temps l'éponge de platine ou le noir de platine n'aura absolument aucune action : le temps est un élément important dans cette question : tel résultat qui ne peut être obtenu immédiatement dans nos laboratoires se produit souvent par une réaction lente et sans avoir recours à des agents bien énergiques. Ainsi, pour me servir d'un exemple, l'eau ne peut être décomposée par un barreau de fer qu'autant que l'on opère à une chaleur rouge : j'ai même reconnu par l'expérience que le fer pyrophorique ne décompose pas la vapeur d'eau sans le secours d'une température élevée, lorsqu'il n'y a pas concours de l'air; cependant en laissant un barreau de fer exposé à l'action de l'air humide, au bout de quelque temps de séjour, le fer est recouvert de peroxide hydraté, et on admet généralement qu'il y a eu décomposition de l'eau, et que cette oxidation n'est pas due seulement à l'absorption de l'oxigène de l'air dissous par l'eau. La présence de l'ammoniaque, qui a été constatée dans toutes les rouilles de fer, rend l'opinion de la décomposition de l'eau vraisemblable.

Je pense toutefois que malgré les faits qui viennent d'être signalés, il ne faut pas encore admettre la transformation de l'ammoniaque en acide nitrique et en eau, aux dépens de l'oxigène de l'air, comme la cause unique de la nitri-

(1) Dans le but de déterminer la formation de l'acide nitrique, j'ai ajouté de l'eau oxigénée, peu chargée d'oxigène, à une dissolution faible d'ammoniaque. Les ré-résultats de cet essai ont laissé dans mon esprit beaucoup d'incertitude, parce qu'il est difficile de préparer de l'eau oxigénée entièrement exempte d'acide nitrique.

lication ; parce que cela nécessiterait de justifier l'existence d'une grande quantité de matières azotées, alors qu'on peut à peine en trouver des traces dans les localités où s'opère cependant une nitrification très active. Dans ce cas il se trouve dans le sol le plus souvent de la potasse, mais nous n'avons pas de données bien positives sur l'état dans lequel elle est offerte à la nitrification; or, il faudrait présenter cette base à l'état de carbonate et non de silicate, de sulfate de chlorure, pour expliquer son intervention comme cause déterminante de la combinaison directe de l'azote de l'air avec l'oxigène. La théorie de la transformation de l'ammoniaque en acide nitrique deviendrait plus facilement admissible dans tous les cas de nitrification, si la formation de l'ammoniaque n'était pas limitée à la décomposition des matières azotées. J'ai fait, à l'occasion de la formation de l'ammoniaque, une suite d'expériences que je crois devoir consigner ici, parce qu'elles se rattachent assez directement à la théorie de la nitrification.

Production artificielle de l'ammoniaque.

J'ai fait voir, *Annales de Chimie*, vol. LXVII, page 209, que tous les métaux décomposant l'eau donnaient une certaine quantité d'ammoniaque par leur contact avec de l'acide nitrique affaibli. La conséquence de ce résultat, c'est que les métaux dans ces circonstances ne s'oxident pas seulement en puisant leur oxigène dans l'acide nitrique, mais qu'une partie de l'oxigène est fournie par l'eau, dont l'hydrogène, se combinant à l'azote de l'acide, donne naissance à l'ammoniaque.

Pour la formation de l'ammoniaque dans la rouille et dans la préparation de l'éthiops martial, il faut admettre que l'azote qui sert à former de l'ammoniaque avec l'hydrogène naissant est fourni par l'air; mais dans tous les cas, l'eau doit servir d'intermédiaire par sa propriété de dissoudre un peu d'azote. Les circonstances dans lesquelles l'azote de l'air est employé à faire de l'ammoniaque paraissent rares, car jusqu'alors on n'a encore pu signaler que l'exemple de la rouille et de l'éthiops martial.

Lorsque l'hydrogène et l'azote sont naissants, ainsi que cela existe lors de la décomposition des matières animales, la formation de l'ammoniaque s'explique plus facilement. C'est en faisant réagir l'azote sur l'hydrogène, tous deux condensés et déjà en combinaison dans un autre composé, que j'ai obtenu de l'ammoniaque, par le contact de l'acide sulfurique ou de l'acide chlorhydrique avec l'acide cyanhydrique (1).

A. J'ai tenté de combiner l'azote libre avec l'hydrogène au moyen de l'éponge et du noir de platine : mais je ne suis arrivé à aucun résultat.

J'ai inutilement cherché à provoquer la formation de l'ammoniaque en mêlant à l'hydrogène et à l'azote de l'acide chlorhydrique ou sulfhydrique.

B. Espérant combiner de l'azote avec de l'hydrogène naissant, je fis passer sur du fer pyrophorique chauffé au rouge de la vapeur d'eau et de l'azote : j'obtins de l'hydrogène et de l'azote, mais pas d'ammoniaque.

C. Je fus plus heureux en opérant avec l'hydrogène sur l'azote naissant.

De la vapeur d'acide nitrique mêlée à un excès d'hydrogène fut dirigée sur de l'éponge de platine ; aucune réaction sensible n'eut lieu à froid, mais en élevant un peu la température du tube, le platine se mit en incandescence et tout l'azote de l'acide nitrique se transforma en ammoniaque en présence d'un excès d'hydrogène.

---

(1) *Annales de Chimie et de Physique*. Vol. XL, page 441.

Cette formation d'ammoniaque, étudiée par M. Pelouze, l'a conduit à constater dans ces réactions la production d'une certaine quantité d'acide formique. (*Ann. de Chimie et de Physique*. Vol. 48 . page 395.

D. La même expérience fut faite en substituant l'acide hyponitrique à l'acide nitrique. Dès que le mélange gazeux eut le contact de l'éponge à froid, le platine s'échauffa rapidement, devint incandescent, répandit une lumière très-vive, et tout l'acide hyponitrique put être transformé en eau et en ammoniaque. En faisant cette expérience il faut s'entourer de toutes les précautions possibles, car pour peu que les dégagements de gaz soient rapides, il se produit des explosions extrêmement violentes.

E. L'expérience faite avec du deutoxide d'azote et de l'hydrogène donna les mêmes résultats qu'avec l'acide hyponitrique. Les dangers d'explosion sont également très-grands.

F. L'expérience faite avec du protoxide d'azote et de l'hydrogène en excès ne donna lieu à aucune réaction sensible à froid ; en chauffant un peu il se forma également de l'ammoniaque en abondance.

G. Toutes les expériences précédentes furent répétées en substituant le noir de platine à l'éponge de platine. Les réactions eurent lieu moins facilement ; jamais elles ne furent développées sans le secours de la chaleur, et dans aucun cas le noir de platine ne devint incandescent.

H. En faisant passer sur de l'éponge de platine chauffée un mélange de deutoxide d'azote en excès et de carbure bihydrique, obtenu par l'action de l'acide sulfurique sur l'alcool, le platine a éprouvé une très-vive incandescence, et il s'est dégagé de la vapeur de cyanhydrate d'ammoniaque, de l'eau, de l'acide carbonique et de l'azote.

I. En dirigeant sur de l'éponge de platine du deutoxide d'azote mêlé de vapeur d'alcool en excès, il n'y a aucune réaction à froid ; mais en élevant la température au rouge, il se dégage en abondance de l'ammoniaque de l'eau et du cyanhydrate d'ammoniaque ; il y a également dépôt de charbon.

K. En faisant passer sur de l'éponge de platine chauffée à environ 400°, un courant de vapeur d'éther nitreux, il y a dégagement de deutoxide d'azote ; en chauffant à une température plus élevée, il se produit du cyanhydrate d'ammoniaque, de l'eau, du carbure bihydrique et de l'acide carbonique, avec dépôt de charbon (1).

En faisant agir de l'acide sulfurique sur du nitrate de potasse mouillé avec de l'alcool, il y a dégagement abondant d'acide hyponitrique, et il se forme en même temps de l'ammoniaque, car en mettant de la potasse caustique en contact avec le produit, il se dégage une quantité très-sensible de vapeur ammoniacale.

En versant de l'acide nitrique ou hyponitrique sur de l'essence de térébentine, il se forme également en abondance de l'ammoniaque qu'on peut rendre sensible par un excès de potasse ou de chaux.

Il est facile de conclure de toutes ces expériences que toutes les fois que dans des circonstances favorables à la combinaison, l'hydrogène pur ou l'hydrogène carboné se trouve en contact avec de l'azote à l'état naissant, peut-être même en dissolution dans l'eau, il se forme de l'ammoniaque.

---

(1) Réactions :

Expérience C — $NO^5 + 8H = NH^3 + 5HO.$

» D — $NO^4 + 7H = NH^3 + 4HO.$

» E — $NO^2 + 5H = NH^3 + 2HO.$

» F — $NO + 4H = NH^3 + HO.$

» H — $6CH + 5N^1 O^2 = (C^2NH + NH^3) + 2HO + 4CO^2 + 3N.$

» I — $3(C^4H^5O^2) + 3NO^2 = (C^2NH + NH^3) + 9HO + CO + 9C.$

» K — $2(C^4NH^5O^4) = (C^2NH + NH^3) + 4H^2O + 2CO^2 + CH + 2C.$

Ces réactions peuvent évidemment se produire de différentes manières, et donner des résultats variés suivant la température à laquelle on opère et la proportion des corps mis en présence.

Si dans les rouilles l'azote de l'air se combine avec de l'hydrogène naissant et forme de l'ammoniaque, par la même raison on peut être conduit à admettre que lors de la décomposition des matières organiques, de l'ammoniaque se forme aux dépens de l'azote dissous dans l'eau et de l'hydrogène naissant. On sait que dans ce cas l'hydrogène se dégage en grande quantité à l'état de carbure tétrahydrique.

Cette opinion, si elle était confirmée par de nouveaux faits, par des résultats plus nombreux et par conséquent plus concluants, permettrait d'expliquer plus facilement la présence de l'ammoniaque constatée dans un très-grand nombre de circonstances où il est assez difficile d'admettre la préexistence de quelque matière animale.

Il restera toutefois une grande incertitude sur les causes de formation de l'ammoniaque dans les oxides de fer naturels, surtout ceux cristallisés, tels que le fer oligiste de l'île d'Elbe, le fer oligiste de Framont. Quant à la présence de l'ammoniaque dans les argiles, dans le plâtre, dans la craie, etc., etc,. on peut admettre la condensation de l'ammoniaque, dont une faible quantité a été constatée dans l'air à l'approche des lieux habités, et qui semble pouvoir se produire, d'après les considérations qui précèdent, partout où il y a décomposition de substances organiques, même non azotées.

Ce serait certainement une théorie bien satisfaisante que celle qui consisterait à admettre la formation de l'ammoniaque partout où les matières organiques azotées ou non azotées se décomposent lentement, et où l'air dissous par l'eau, se trouvant en présence d'un excès d'hydrogène naissant, donnerait de l'eau et de l'ammoniaque. Ce dernier produit, soumis ensuite à l'influence oxigénante de l'air, en présence de l'humidité et des corps poreux, donnerait de l'acide nitrique ou plutôt du nitrate d'ammoniaque dont la présence dans les matières nitrifiées expliquerait la formation du nitrate de chaux ; ou qui, en présence du carbonate de potasse, dans quelques circonstances, donnerait plus facilement encore du nitrate de potasse. Mais, en adoptant dès aujourd'hui cette manière d'expliquer les phénomènes de la nitrification, je craindrais une objection fondée, c'est que j'aurais échafaudé une nouvelle théorie avant d'avoir épuisé toutes les ressources de l'expérimentation, avant d'avoir répondu à toutes les objections qui peuvent lui être opposées.

Je pense que surtout dans la question qui nous occupe il ne faut pas se laisser égarer par des hypothèses séduisantes. Si la théorie actuelle est insuffisante pour rendre compte des phénomènes de la nitrification, ne lui substituons qu'une théorie qui ne puisse encourir les mêmes reproches. Attendons de nouvelles recherches la solution définitive des questions soulevées ; trop souvent des idées très-heureuses n'ont pas porté leur fruit, parce que prématurément on a voulu leur donner une extension trop générale, cédant à l'ambition bien naturelle d'attacher son nom à une création nouvelle.

Si à l'appui de l'oxigénation de l'ammoniaque on peut présenter les faits consignés dans ce mémoire, à l'appui de l'absorption des éléments de l'air sous une influence alcaline, on peut présenter d'autres faits, tels que l'expérience de Cavendisch, qui a opéré en présence des dissolutions alcalines, avec le secours de l'électricité. Mais comme dans aucun cas les réactions qui ont donné de l'acide nitrique n'ont eu lieu dans des circonstances parfaitement semblables à celles où la nitrification a lieu habituellement, nous croyons devoir attendre de nouveaux essais que nous avons commencés et que nous poursuivrons avec persévérance la confirmation de l'une ou de l'autre opinion. Nous pensons toutefois avoir établi, dès aujourd'hui, d'une manière suffisamment précise, que dans la nitrification l'ammoniaque joue toujours un rôle très-important, et que l'intervention de ce corps est même d'une nécessité absolue là où il n'y a que des carbonates insolubles. En effet, l'ammoniaque, dont la formation peut être expliquée au besoin en l'absence de toute matière animale, exerce son influence sur la production de l'acide nitrique, soit qu'on admette que cette acide se forme par la combinaison de l'oxigène et de l'azote de l'air dissous par l'eau, ou par l'oxigénation directe de l'azote des matières animales, comme l'indique la théorie ancienne, soit enfin que l'acide nitrique se produise par l'oxigénation de l'ammoniaque lui-même en présence de l'air.

J'ai fait connaître la possibilité d'obtenir artificiellement et à volonté de l'acide nitrique et par conséquent des nitrates, sans avoir recours au procédé lent de la nitrification. Si dans les circonstances actuelles la transformation de l'ammoniaque en acide nitrique au moyen de l'éponge de platine et de l'air ne présente pas l'économie convenable, il peut arriver des moments où cette transformation deviendra possible sous le rapport économique; et l'on peut donc dire avec assurance que la connaissance des faits consignés dans ce travail est de nature à rassurer complètement le gouvernement sur les difficultés et même l'impossibilité de se procurer du salpêtre en quantité suffisante dans le cas d'une guerre maritime, et à faire modifier le mode d'approvisionnement de salpêtre pour les besoins de l'état, dicté jusqu'alors par une sage prévision de l'avenir.

La formation de l'ammoniaque avec les éléments de l'acide nitrique m'a également paru de nature à fixer l'attention des savants comme des manufacturiers.

Enfin, je pense par ces essais avoir appelé l'attention des chimistes sur l'agent puissant qu'ils peuvent trouver dans l'éponge de platine, pour produire des réactions nombreuses et variées avec les matières gazeuses ou vaporisables de nature organique, comme de nature inorganique. Depuis la découverte de M. Doebereiner et l'important travail de MM. Thénard et Dulong, la mousse de platine était restée presque ignorée dans l'ordre expérimental; elle était restée un objet de curiosité, alors qu'elle devait devenir, dans beaucoup de circonstances, un agent plus efficace que la chaleur, que l'électricité. J'ai fait voir que son rôle ne devait plus se borner à enflammer le gaz des lampes à hydrogène; que par sa propriété singulière, ce corps était susceptible d'une infinité d'applications dans nos laboratoires, applications qui ne tarderont pas à franchir le seuil de la fabrique.

Pour donner la mesure des nombreuses réactions que l'éponge de platine peut provoquer, il suffit déjà des observations consignées dans ce travail et qui peuvent être résumées comme suit :

1.° Tous les composés d'azote vaporisables, mêlés d'air, d'oxigène ou d'un gaz oxigénant, se transforment en acide nitrique ou hyponitrique.

2.° Tous les composés d'azote vaporisables, en contact avec les carbures hydriques ou avec l'acide du carbone, lorsque le composé azoté contient de l'hydrogène, donnent de l'acide cyanhydrique ou du cyanhydrate d'ammoniaque.

4.° La plupart des métalloïdes, ainsi que le cyanogène, se combinent avec l'hydrogène en présence de l'éponge de platine chauffée à une température plus ou moins élevée.

2.e MÉMOIRE SUR LA NITRIFICATION.

EXAMEN CHIMIQUE DES EFFLORESSENCES DES MURAILLES.

Juillet 1839.

Dans un premier mémoire sur la nitrification publié en décembre 1838 (1), j'ai cherché à démontrer que l'ammoniaque joue un rôle important dans la formation naturelle de l'acide nitrique; j'ai fait voir que ce rôle pouvait être envisagé de deux manières différentes.

D'un côté on peut admettre que l'action de l'ammoniaque se borne à favoriser, par sa puissance alcaline, la combinaison de l'azote avec l'oxigène, lorsque ces deux corps se rencontrent en présence, soit en dissolution dans l'eau, soit engagés dans quelque matière organique. Cela admis, il devient facile de comprendre comment le carbonate d'ammoniaque, résultat de la décomposition des matières azotées, en se dissolvant dans l'eau chargée d'air, peut donner naissance à du nitrate d'ammoniaque. Dans cette première hypothèse, il restait seulement à expliquer comment le nitrate d'ammoniaque formé pouvait donner naissance au nitrate de chaux et au nitrate de magnésie qui se rencontrent si abondamment dans les matériaux salpêtrés. Ayant constaté la présence du carbonate et du nitrate d'ammoniaque dans la lessive des salpêtriers, j'ai été

(1) Ce mémoire a été reproduit dans les *Annales de pharmacie*, par MM. Woëhler et Liebig, vol. XXIX, page 272 (1839), sous le titre de *Abhandlung über die Salpeter bildung*, etc.

conduit à admettre que les carbonates calcaires et magnésiens qui font partie des terrains susceptibles de nitrification échangent leur acide avec le sel ammoniacal qui, ramené à l'état de carbonate, détermine une nouvelle formation de nitrate. Ainsi l'ammoniaque dans cette première hypothèse ne jouerait d'autre rôle que celui de déterminer par sa puissance alcaline la combinaison des éléments de l'acide nitrique, et de porter cet acide sur la base des carbonates calcaires ou magnésiens des terres nitrifiables, en échange de l'acide carbonique.

Des recherches plus étendues m'ont bientôt conduit à penser que cette manière d'envisager les phénomènes de la nitrification n'était pas applicable à toutes les circonstances où la formation de l'acide nitrique a lieu, et que dans beaucoup de cas l'ammoniaque lui-même est décomposé; que son azote, sous l'influence de l'oxigénation de l'air contenu dans l'eau, peut devenir un des éléments constitutifs de l'acide nitrique. La découverte de la transformation, au moyen de l'éponge de platine, de l'ammoniaque en eau et en acide nitrique par l'oxigène de l'air devait conduire naturellement à cette seconde explication des phénomènes de la nitrification, et nul doute que dans beaucoup de circonstances cette transformation doit avoir lieu. Mes idées théoriques sur ce point sont aujourd'hui généralement adoptées par les chimistes (1).

En poursuivant ces premières recherches sur la nitrification,

---

(1) M. Liebig, dans son *Introduction à la chimie organique*, publiée récemment, en traitant de la nitrification, s'exprime ainsi : « Si l'on songe que l'érémacausie est une métamorphose qui ne diffère de la putréfaction ordinaire qu'en ce que l'excès de l'oxigène de l'air y est indispensable ; si l'on se rappelle que dans la transformation des molécules azotées l'azote prend toujours la forme de l'ammoniaque, et que de toutes les combinaisons azotées l'ammoniaque est celle qui contient l'azote dans l'état le plus favorable à son oxidation, on peut être à peu près sûr que l'ammoniaque est la cause première de la formation de l'acide nitrique à la surface du globe. » Je fais cette citation parce que j'attache le plus grand prix à la sanction de mon opinion par l'illustre chimiste allemand.

j'ai été conduit à faire un examen attentif des efflorescences qui se forment souvent à la surface des murailles dans les parties alternativement exposées à l'humidité et à la sécheresse, efflorescences qui sont habituellement attribuées à la nitrification.

Efflorescences des murailles.

Dans aucune contrée, je n'ai observé d'aussi abondantes efflorescences aux murailles qu'en Flandre. C'est surtout au printemps qu'elles deviennent apparentes au point de blanchir quelquefois entièrement les parties des murs qui ont été pénétrées par l'humidité pendant l'hiver. Par les temps secs, ces efflorescences présentent un aspect farineux, mais habituellement elles sont formées par la réunion d'une infinité d'aiguilles cristallines très-fines. Une circonstance qu'il est facile de reconnaître, c'est que la formation de ces produits cristallins a lieu plus particulièrement aux parties des murailles occupées par le mortier, ou plutôt aux points de contact du mortier avec la brique ou le grès.

Dans nos villes de Flandre, où presque toutes les constructions se font en briques, d'abondantes efflorescences s'aperçoivent déjà sur toute la surface des murailles, peu de jours après leur construction, ce qui ne saurait permettre tout d'abord de les attribuer à la nitrification. Ces efflorescences se produisent en quelque sorte indéfiniment aux parties alternativement exposées à l'humidité et à la sécheresse, et se remarquent encore sur des constructions qui ont plusieurs siècles d'existence.

Le Palais-de-Justice de Lille n'était pas encore achevé que déjà toutes les murailles de ce monument se trouvaient blanchies par des efflorescences. D'un autre côté, j'ai constaté des phénomènes analogues sur les maçonneries des plus anciennes portes de la ville.

Outre l'intérêt scientifique qui s'attache à des recherches sur la nature et la cause de ces efflorescences, il s'y attache aussi un intérêt d'application et d'utilité publique ; c'était pour moi un double motif pour porter une grande attention à l'examen de cette question.

Composition des efflorescences des murailles.

J'ai recueilli de ces efflorescences dans un grand nombre de localités, et les essais analytiques auxquels je me suis livré sur ces matières m'ont fait reconnaître que, le plus souvent, ce que l'on considère comme le résultat de la nitrification ne contient aucune trace de nitrate ; ces efflorescences sont formées généralement de carbonate et de sulfate de soude se présentant tantôt à l'état cristallin, tantôt à l'état d'une masse farineuse par suite de la perte d'une partie de l'eau de cristallisation. Partout où l'air est maintenu dans un état constant d'humidité, dans les caves par exemple, au soubassement des habitations, les sels en question sont habituellement cristallisés sous forme d'un duvet soyeux, mais dans les parties élevées des bâtimens, les efflorescences ne sont guères apparentes qu'immédiatement après leur construction, et elles sont ordinairement farineuses. L'humidité paraît faciliter considérablement la reproduction des efflorescences salines dont il est question.

Ces résultats m'ont conduit à observer un phénomène non moins curieux ; c'est que, dans les constructions récentes, le soubassement des bâtiments est maintenu long-temps dans un état constant d'humidité, par suite de l'exsudation à travers les joints des briques d'une quantité notable de dissolution de potasse, et d'un peu de chlorure de potassium et de sodium dont l'origine paraît être la même que celle des carbonate et sulfate de soude, qui se présentent à l'œil avec des caractères plus apparents.

Après avoir multiplié mes essais de manière à bien constater la nature des efflorescences et exsudations des murailles, j'ai dû porter mon attention sur les causes de phénomènes si remarquables. J'ai examiné successivement la terre qui sert à la fabrication des briques, le sable qui entre dans le mortier, la houille employée généralement dans ces contrées à la cuisson des briques et de la chaux, enfin la chaux elle-même et la pierre qui sert à sa fabrication.

Examen de l'argile et du sable.

Il devient naturel de rechercher d'abord la source des efflorescences des murailles dans l'argile qui sert à la fabrication des briques, car l'argile étant le résultat de la désagrégation de roches alumineuses au nombre desquelles se trouvent le mica et les feldspaths à base de potasse ou de soude, ces oxides alcalins doivent pouvoir s'y rencontrer en quantités variables à l'état de silicates. Le traitement de cette argile par la baryte m'a permis de constater des traces de potasse, mais plusieurs circonstances m'ont fait abandonner l'opinion que la formation des efflorescences des murailles puisse être due à la décomposition de ces silicates : en premier lieu le peu de silicate alcalin que j'ai rencontré, et en second lieu la difficulté de rencontrer des efflorescences salines analogues à celles des murailles sur ces briques avant leur emploi dans les constructions. Dans quelques briqueteries, j'ai trouvé des indices d'efflorescences de sulfate de soude sur les briques récemment fabriquées ; mais, ainsi que nous le démontrerons plus tard, ces efflorescences peuvent être attribuées à d'autres causes qu'à la décomposition des silicates alcalins qui font partie de la terre à briques. Ce qui, du reste, fait cesser toute incertitude sur ce point et démontre suffisamment que ce n'est pas dans les silicates alcalins qui pourraient exister dans l'argile ou même le sable, qu'il faut rechercher la cause principale de la formation des efflorescences salines des murailles, c'est que des efflorescences très-abondantes ont été remarquées à la surface de plâtrages faits avec de la chaux appliquée sur grès, sans mélange de sable ni d'argile.

Examen des houilles.

La houille servant généralement en Flandre à la cuisson des briques et de la chaux, j'ai dû rechercher si elle ne contenait pas les alcalis qui entrent dans la composition des efflorescences et exsudations des murailles, et dès le premier pas que je fis dans cette voie d'expérimentation, je crus être arrivé à la solution complète de la question qui forme l'objet de ce travail. En examinant des masses de houille exposées depuis quelque temps au contact de l'air, j'ai remarqué qu'elles se trouvaient en de certains points recouvertes d'une efflorescence cristalline qui, placée sur la langue, lui imprime une sensation de fraîcheur analogue à celle produite par les efflorescences des murailles, et nullement astringente comme le serait celle du sulfate de fer qui serait résulté de la décomposition lente des pyrites qui se trouvent en grande quantité dans les houilles. Voici les résultats que me donnèrent quelques essais analytiques tentés sur ces efflorescences.

Composition des efflorescences des houilles.

Toutes les efflorescences des houilles ne sont pas de même nature ; il en est qui sont toujours farineuses et un peu jaunâtres, ce sont celles dues au sulfate de fer, résultat de la décomposition des pyrites ; d'autres, en bien plus grande quantité, ne contiennent souvent pas une trace de fer et présentent habituellement une très-légère réaction alcaline. Après avoir recueilli une quantité suffisante de ces dernières, 100 grammes environ, j'en soumis la dissolution à des cristallisations successives et j'obtins ainsi une grande quantité d'aiguilles prismatiques de sulfate de soude parfaitement pur.

L'eau mère de ces cristallisations étant arrivée à un point de concentration approchant de la dessiccation, la matière saline qu'elle contenait prit une couleur d'un bleu-vert que la calcination au rouge fit disparaître, et la masse saline par cette calcination devint d'un gris sombre et donna par son lavage à l'eau distillée une poudre noire ; cette dernière, dissoute dans l'eau régale, présenta aux réactifs les caractères chimiques d'un sel de cobalt sans traces de fer ; fondue avec un peu de borax, la poudre noire en question lui communiqua une belle couleur bleue.

D'après ces résultats, il n'est pas resté dans mon esprit le moindre doute sur l'existence d'une petite quantité de sel de cobalt associé au sulfate de soude qui, avec des traces de carbonate de soude et d'un sel ammoniacal (1), mais sans potasse, donne lieu aux abondantes efflorescences des houilles.

Les houilles qui m'ont semblé les plus susceptibles de produire des efflorescences de sulfate de soude sont les houilles de Fresnes et de Vieux-Condé. Les houilles d'Anzin et de Mons en donnent également, mais en moins grande quantité ; j'ai aussi remarqué de ces efflorescences sur plusieurs qualités de houilles anglaises, et je suis porté à croire que toutes les houilles peuvent en produire.

Ces faits constatés, il devenait important de rechercher si la base alcaline qui donne naissance à ces efflorescences est répandue uniformément dans les houilles, ou si elle s'y trouve répartie inégalement.

Les houilles sont généralement traversées en tous sens par des couches d'une matière saline blanche que j'ai prise d'abord pour du carbonate de chaux, mais dans laquelle il se trouve une grande quantité de carbonate de magnésie, c'est de la dolomie

---

(1) La nuance verte du produit de l'évaporation de l'eau mère paraît due au mélange d'un peu de sel ammoniacal au sel de cobalt.

qui, sur différents points, se présente très-bien cristallisée en rhomboèdres.

J'ai cherché si la soude ne faisait point partie de ce composé qui semble avoir pénétré par infiltration dans toutes les fissures des houilles ; mais ce n'est pas là que se trouve cet alcali, car l'analyse de ces composés ne m'a pas permis de l'y reconnaître en quantité appréciable.

Les efflorescences salines se remarquent rarement aux larges surfaces des écailles de houille, mais généralement aux points où ces écailles sont brisées, ce qui n'est pas sans importance dans la question, ainsi que nous allons le voir.

Ces efflorescences forment des lignes blanches parallèles qui suivent la direction dans laquelle les écailles schisteuses de houille sont superposées, et par leur écartement elles indiquent l'épaisseur de ces écailles. Elles semblent provenir d'une infiltration qui a pénétré entre les écailles, ce qui m'a conduit à soumettre des masses de houille effleurie à une espèce de clivage par suite duquel il ne m'a pas été difficile de reconnaître que partout où il y avait des efflorescences salines non ferrugineuses il existait entre les couches compactes de la houille une certaine quantité de charbon brillant et très-friable, présentant tout l'aspect du charbon de bois pulvérisé et tassé ; ce charbon tache les doigts, et mieux que la partie compacte de la houille décèle une origine organique. J'ai examiné comparativement après cette séparation mécanique, les écailles de houille compacte et la matière charbonneuse dont il vient d'être question.

Par l'incinération la houille compacte ne m'a pas donné de potasse ou de soude en quantité sensible, tandis que l'incinération de la matière charbonneuse interposée entre les écailles m'a donné un résidu très-alcalin et contenant du carbonate de soude en quantité suffisante pour justifier les efflorescences qui se produisent sur les houilles au contact de l'air.

Il est à remarquer cependant que le lavage seul de cette

matière charbonneuse avant l'incinération ne donne pas de carbonate de soude, et que ce sel ne devient libre que par l'incinération.

Il restait à expliquer pourquoi dans les efflorescences le sel sodique se présente presque en totalité à l'état de sulfate ; je pense que cette transformation doit être attribuée à la décomposition des pyrites disséminées dans les houilles et qui, par suite de cette altération, donnent naissance à de l'acide sulfurique et à du sulfate de fer qui échange son acide avec le carbonate de soude ou la combinaison saline semi-organique restée dans la houille.

C'est encore dans lés pyrites qu'il faut chercher sans doute l'origine du cobalt dont la présence est si remarquable, mais qui ne s'est pas produit dans tous les essais que j'ai faits, ce qui tient sans doute à ce que dans les efflorescences il se trouve quelquefois une quantité de carbonate de soude telle que l'existence d'un sulfate double de cobalt et de soude ne peut avoir lieu. Je dois dire cependant que dans les nombreuses analyses que j'ai faites des efflorescences de houille, je n'ai pas trouvé de sulfate de fer associé au sulfate de soude : il est vrai que dans la plupart de ces essais les sels efflcuris présentaient une très-légère réaction alcaline.

Les résultats qui précèdent semblaient devoir m'amener à expliquer facilement la formation des efflorescences salines des murailles; en effet, les briques et la chaux dans toute la Flandre, où mes observations ont eu lieu, sont cuites à la houille, avec le contact immédiat du combustible et de la brique ou de la pierre à chaux ; le carbonate de soude des houilles doit, lors de la combustion, passer à l'état de sulfite et par suite de sulfate sous l'influence des émanations sulfureuses des pyrites et de l'air ; à ce sulfate de soude doit se joindre celui déjà produit par efflorescence sur la houille au préalable de sa combustion.

J'ai pensé trouver dans les résultats de l'examen des cendres de houille retenues en partie par la chaux et les briques ; la confirmation de cette opinion, mais il en a été tout autrement, car l'analyse de ces cendres m'a donné des quantités tellement minimes de carbonate ou de sulfate de soude, qu'il devenait impossible d'attribuer à cette origine seulement les abondantes efflorescences des murailles. Je fus donc conduit à rechercher si cette origine des alcalis ne se trouvait pas dans la composition des pierres qui ont servi à fabriquer la chaux ; c'était le dernier point où il me fût possible de rechercher une explication satisfaisante des phénomènes observés.

Examen de la chaux.

L'on trouve déjà dans quelques anciens traités de chimie les distinctions *d'eau de chaux première* et *d'eau de chaux seconde*, et l'on attribue à l'eau de chaux première une puissance alcaline plus grande qu'à la seconde.

M. Descroisilles a expliqué les motifs de cette distinction par la présence possible d'un peu de cendres de bois qui, restées adhérentes à la chaux après la cuisson, ont pu augmenter l'alcalinité de l'eau qui sert à former une première dissolution.

Les questions soulevées par l'examen chimique des efflorescences des murailles me conduisirent à examiner si l'explication de M. Descroisilles, relativement à l'observation faite depuis fort longtemps des différences dans l'alcalinité de l'eau de chaux, était satisfaisante.

Ce qui était admissible pour la chaux calcinée avec du bois ne pouvait plus s'admettre facilement pour la chaux cuite à la houille, dont les cendres sont, ainsi que nous l'avons signalé à l'instant, très-peu alcalines. Et cependant l'eau de chaux première obtenue avec de la chaux cuite à la houille ressemble sous ce rapport à l'eau de chaux première provenant de chaux cuite avec du bois. Bien plus, la chaux cuite en vases clos, dans des creusets entourés de sable, présente encore les mêmes résultats. J'arrivai ainsi à constater que ces différences dans l'alcalinité des eaux de chaux tiennent à d'autres causes, et je ne tardai pas à en acquérir la preuve en reconnaissant que la plupart des pierres à chaux contiennent une quantité notable de potasse et de soude ; restait à savoir dans quel état d'association ces alcalis se trouvaient dans les pierres calcaires.

J'ai opéré dans mes essais sur des pierres à chaux appartenant à des terrains de formation différente, des calcaires compactes, des calcaires carbonifères et des craies, et le résultat de l'évaporation de l'eau qui avait été mise en premier lieu en dégestion avec la chaux résultant de la calcination de ces pierres en vases clos, m'a donné des quantités variables de matières salines solubles contenant des chlorures à oxides alcalins, quelquefois un peu de sulfate et toujours de la potasse et de la soude caustiques.

La chaux qui m'a donné le plus de matières salines est la chaux que l'on obtient par la calcination du calcaire bleu de Tournai ; c'est du calcaire anthraxifère appartenant aux couches supérieures des terrains de transition. La chaux de Lille, qui est une chaux grasse assez pure provenant de la craie, contient aussi, quoiqu'en moins grande quantité, les mêmes alcalis ou sels alcalins.

Les chlorures paraissent préexister dans ce même état de combinaison dans les pierres à chaux. La dissolution de ces pierres dans l'acide nitrique pur donne des précipités blancs avec les sels d'argent, mais il n'en est pas de même de la potasse ou de la soude caustique ou carbonatée qu'on obtient par l'évaporation des premières eaux de lavage des diverses qualités de chaux. Ces alcalis peuvent provenir de diverses sources : M. Boussingault a décrit sous le nom de *Gay-Lussite* un minéral dont la composition paraît consister en

$CO_2NaO + CO_2CaO + 5H_2O$ et qu'il a trouvé en abondance disséminé dans la couche d'argile qui recouvre l'Urao à Lagunilla. Il est peu vraisemblable qu'une combinaison analogue fasse partie des calcaires employés à la préparation de la chaux.

L'existence des chlorures alcalins, quoiqu'en petite quantité, dans la plupart des calcaires, doit contribuer à la production des efflorescences des murailles. C'est à la réaction lente du carbonate de chaux sur le sel marin que M. Berthollet attribue la formation du *natron;* une décomposition analogue se produit sans doute lentement dans les mortiers, mais au moment de la cuisson de la pierre à chaux et de la formation de la chaux à l'état caustique, une décomposition plus énergique, dans laquelle il se forme des silicates de chaux, amène sans doute la formation de potasse ou de soude qui à l'air passe à l'état de carbonate.

La cause qui me paraît concourir le plus puissamment à la formation des efflorescences salines des murailles, c'est la décomposition des silicates alcalins dont l'existence dans un grand nombre de pierres à chaux et en particulier dans les pierres qui appartiennent aux formations anciennes, telles que le calcaire anthraxifère qui fournit la chaux de Tournai, me paraît hors de doute.

Lors de la cuisson de ces calcaires les silicates se trouvent décomposés par la chaux, et la potasse et la soude sont mises en liberté. C'est là surtout qu'il faut rechercher la cause de la force alcaline de l'eau de chaux première, la cause des efflorescences et exsudations alcalines des murailles. Quant à la formation du sulfate de soude qui existe si abondamment dans les efflorescences, elle trouve son explication dans l'absorption des vapeurs sulfureuses produites lors de la cuisson de la chaux au moyen de la houille, et peut-être aussi en partie à l'absorption de l'acide sulfurique répandu dans l'air et produit si abondamment par la décomposition de certaines substances animales.

Les essais dont je viens de signaler les résultats me paraissent suffisants pour nous bien fixer sur la composition et l'origine des efflorescences des murailles, et la connaissance de ces résultats est de nature à jeter quelque jour sur d'autres phénomènes naturels, tels que ceux de la nitrification des roches calcaires, la formation des sels alcalins dans les cendres des végétaux, enfin elle me paraît de nature à appeler quelques applications industrielles ; c'est ce que je vais chercher à démontrer.

RÉSUMÉ ET CONSIDÉRATIONS GÉNÉRALES SUR LES CONCLUSIONS QUE L'ON PEUT TIRER DES FAITS RELATIFS A CE TRAVAIL.

S'il est vrai qu'il se forme dans beaucoup de circonstances des efflorescences de nitrate de potasse ou d'ammoniaque, il n'en est pas moins bien constaté que dans un plus grand nombre de circonstances encore, il se trouve à la surface des murailles des efflorescences dues à du carbonate de soude et du sulfate de soude, et que les murailles récemment bâties avec du mortier et des pierres ou des briques donnent lieu en outre à des exsudations de potasse caustique ou carbonatée chargées de chlorures de potassium et de sodium.

J'ai fait voir que la source principale de ces sels potassiques et sodiques se trouvait dans la chaux qui a servi aux constructions ; qu'un grand nombre de pierres à chaux contenaient des chlorures potassiques et sodiques et surtout aussi des silicates alcalins, lesquels peuvent donner lieu, sous l'influence du carbonate de chaux ou de la chaux vive résultant de leur calcination, à de la potasse et à de la soude caustiques ou carbonatées. Enfin j'ai indiqué comme possible l'existence dans les calcaires d'une combinaison de carbonate de potasse ou de soude et de chaux analogue à la *Gay-Lussite*, sans cependant attacher d'importance à cette opinion.

J'ai fait voir encore que la quantité de sels acalins qui se trouve dans les pierres à chaux est variable, car il en est qui ne m'ont pas donné par leur calcination de traces d'oxide alcalin.

L'existence des oxides ou carbonates alcalins dans la chaux explique la présence du nitrate de potasse tout formé dans la lessive des salpêtriers, comme aussi la production des efflorescences nitrières.

Il n'est pas sans intérêt de bien connaître la nature et l'origine de ces efflorescences, pour ne pas, dans des expertises judiciaires relatives à des travaux de construction, attribuer à une nitrification ce qui n'est qu'un résultat ordinaire indépendant de l'architecte.

L'alcalinité puissante de *l'eau de chaux première* tient à des causes étrangères à celles que lui a assignées M. Descroisilles; c'est la potasse ou la soude puisée dans la chaux même qui l'occasionne.

Cette alcalinité peut devenir très-préjudiciable dans beaucoup d'opérations industrielles, et il est essentiel d'y avoir égard dans la préparation de l'eau de chaux qui sert quelquefois de réactif, si l'on veut éviter des causes d'erreur dans des recherches analytiques.

Dans la fabrication du sucre de betteraves, où l'on emploie beaucoup de chaux à la défécation, la présence de la potasse ou de la soude, bien qu'en faible quantité, doit avoir une influence funeste sur les dernières opérations lorsque les liquides arrivent à un certain degré de concentration.

La présence du carbonate de potasse libre dans des sirops de sucre devient facile à expliquer aujourd'hui sans avoir recours à la décomposition peu probable des oxalate et malate de potasse que contient le suc des betteraves, et je crois que l'addition d'un peu de chlorure de calcium dans les chaudières de concentration produirait souvent d'utiles résultats, en transformant le carbonate alcalin en chlorure de potassium ou de sodium, dont l'action sur le sucre serait à peu près nulle.

La présence des quantités variable de sels de potasse et de soude dans les craies n'est sans doute pas sans influence sur l'existence de ces sels dans les plantes, surtout si nous admettons que, dans les pierres calcaires, la potasse et la soude existent à l'état de chlorure et de silicate, tous deux susceptibles de se décomposer lentement par leur séjour à l'air ou leur contact avec la craie.

J'aborderai, dans un travail spécial dont je m'occupe, d'autres considérations déduites de l'existence des sels alcalins dans les pierres à chaux et du rôle important que ces sels me paraissent jouer. Ces considérations m'ont paru se rattacher à une question trop importante sous le rapport théorique et pratique pour être présentées ici incidemment et sans développements suffisants.

L'examen des efflorescences des murailles et des causes auxquelles il faut les attribuer m'ont conduit à faire l'examen des houilles sous le rapport des substances salines qui s'y trouvent associées.

J'ai constaté que les houilles sont pénétrées souvent d'une grande quantité de carbonate de chaux combiné à du carbonate de magnésie en proportions variables. Examinant ensuite les efflorescences qui se produisent à la surface des houilles, j'ai reconnu qu'en outre du sulfate de fer qui provient de la décomposition des pyrites, il se forme dans beaucoup de houilles des efflorescences dues à du sulfate de soude presque pur, mélangé quelquefois d'un peu de carbonate de soude, mais sans potasse.

Dans ces efflorescences, j'ai encore constaté l'existence d'une petite quantité de cobalt, dont la présence assez extraordinaire dans cette circonstance, présente une observation de quelque intérêt sous le rapport géologique.

J'ai attribué la formation du sulfate de soude à la décomposition des pyrites en présence de la combinaison alcaline qui contient la soude, combinaison insoluble dans l'eau tant qu'elle reste confondue avec le charbon, mais qui donne du carbonate de soude soluble par la calcination.

Une autre observation qui mérite de fixer l'attention des géologues, c'est que le sel sodique ne se forme que là où il existe, dans les couches compactes de houille, du charbon en tout semblable au charbon de bois quant à l'aspect. La présence de la soude à l'exclusion de la potasse dans ces parties de houille ne sera également pas sans une certaine signification pour les savants qui donnent aux dépôts houillers une origine organique.

EXPÉRIENCES

CONCERNANT

LA THÉORIE DES ENGRAIS.

FERTILISATION DES TERRES PAR LES SELS AMMONIACAUX, LES NITRATES ET D'AUTRES COMPOSÉS AZOTÉS.

1.er Mémoire. — Juillet 1848.

Si tous les chimistes admettent que les végétaux peuvent s'approprier l'azote, soit qu'ils l'empruntent à l'atmosphère, comme cela a lieu dans certaines conditions, soit qu'ils le tirent des engrais, il ne sont plus autant d'accord lorsqu'il s'agit d'établir comment s'opère cette fixation et dans quel état cet azote doit être présenté aux végétaux pour permettre l'assimilation la plus facile.

Si donc, pour me servir d'une expression de M. Dumas, un des plus beaux problèmes de l'agriculture réside dans l'art de se procurer de l'azote à bon marché, il est un autre point très-important à fixer d'une manière bien positive, c'est de constater les divers états dans lesquels cet azote doit être présenté aux plantes pour activer le plus énergiquement la végétation.

L'ammoniaque qui résulte de la décomposition des matières organiques azotées et l'acide azotique qui, ainsi que je l'ai démontré depuis 1838 par mes expériences sur la nitrification, peut se former sous un grand nombre d'influences par l'oxidation de l'azote de l'ammoniaque, ont dû fixer toute l'attention des chimistes et ont dû faire admettre par un grand nombre d'entr'eux, que c'est dans ces divers états que l'azote est fourni le plus souvent aux végétaux.

Il restait, en multipliant les exemples de l'action directe de ces divers agents, à faire sortir la question du terrain conjectural afin de la livrer à la pratique de l'agriculture dégagée de toute incertitude. L'on ne saurait porter trop de soins à fixer l'opinion publique sur un point qu'on peut considérer comme capital pour le développement de la prospérité agricole.

Si des matières servant d'engrais fournissent leur azote aux plantes à l'état d'ammoniaque ou d'acide azotique, les composés salins contenant cette base ou cet acide deviendront les sources d'action les plus énergiques, et toute l'attention des agriculteurs devra se porter sur les moyens de se procurer à bas prix des agents d'autant plus précieux, que présentant une grande puissance sur un faible poids, ils permettraient de porter la fertilité dans des contrées privées de voies de communication faciles.

Occupé depuis quelques années d'essais de culture, j'ai fait de nombreuses expériences pour m'assurer jusqu'à quel point l'agriculture peut trouver dans les produits ammoniacaux des auxiliaires utiles et économiques.

Mes essais de 1841 et 1842 m'avaient donné la conviction de la haute efficacité de ces sels pour activer la végétation, et je supposais que les faits observés étaient tellement conformes aux opinions des chimistes, que leur publication ne me paraissait pas d'un intérêt assez grand pour la science; ils ne faisaient en effet que confirmer l'application des principes posés dans le travail de MM. Boussingault et Payen, inséré dans le troisième volume des *Annales de Chimie* (3.e série), en ce qui concerne les engrais, et appuyer l'opinion de l'influence des sels ammoniacaux répandus dans l'air, d'après une des propositions énoncées par M. Boussingault, à la fin de son *Mémoire sur l'absorp-*

tion de l'azote de l'air par les plantes (Annales de Chimie, t. 69, page 353, 1838), proposition qui, par suite des observations de M. Liebig sur l'existence de l'ammoniaque ou des sels ammoniacaux dans l'air, ne pouvait plus laisser beaucoup de doute dans l'esprit des chimistes.

Telle était pour moi la situation de la question, lorsque dans sa séance du 30 janvier 1843, M. Bouchardat a communiqué à l'Académie des sciences un *Mémoire sur l'influence des composés ammoniacaux sur la végétation*, dans lequel l'auteur arrive aux conclusions ci-après :

1.° Les dissolutions des sels ammoniacaux suivants : sesqui-carbonate, bi-carbonate, hydrochlorate, nitrate, sulfate d'ammoniaque, ne fournissent pas aux végétaux l'azote qu'ils s'assimilent ;

2.° Lorsque ces dissolutions à un millième sont absorbées par les racines des plantes, elles agissent toutes comme des poisons énergiques.

Ces conclusions, si peu d'accord avec les faits qui s'étaient produits sous mes yeux, avec des résultats d'expériences deux fois reproduites et sur une grande échelle, m'engagèrent à renouveler mes essais en 1843, et comme les conclusions si positives auxquelles est arrivé M. Bouchardat, pourraient avoir pour résultat de faire abandonner toute expérimentation ultérieure sur l'action des sels ammoniacaux dans la fertilisation des terres, je me suis décidé à consigner ici le résumé de mes nouvelles observations, qui ne font que confirmer mes résultats antérieurs et me paraissent de nature à faire cesser toute incertitude.

Il m'a paru, du reste, qu'on ne saurait recueillir avec trop de soin des faits bien observés, lorsqu'il s'agit d'asseoir sur des bases bien raisonnées les pratiques de l'agriculture. Ces observations exigeant des années entières ne peuvent pas être aussi multipliées que celles qui concernent les autres branches des connaissances humaines.

Mes essais ne se sont pas bornés à l'action des sels ammoniacaux, j'ai expérimenté l'action du nitrate de soude, j'ai comparé les résultats obtenus par ces divers sels employés comme engrais à l'action d'une dissolution gélatineuse, à l'action de l'urine de cheval et à l'action de l'engrais flamand.

J'ai choisi pour faire mes expériences une vaste prairie dont toute la surface était dans les mêmes conditions d'exposition et de fertilité.

En prenant la production du foin pour exemple, j'ai cru me placer dans des conditions où les soins de culture ne pouvaient pas influencer les résultats. Chaque essai a eu lieu sur une surface de trois ares, et de distance en distance entre les bandes destinées aux essais, se trouvait une bande sans engrais, pour permettre de bien apprécier les résultats produits. Les bandes étaient séparées l'une de l'autre par des rigoles.

Tous les engrais ont été dissous ou délayés dans de l'eau, de manière à présenter chacun un volume de 975 litres ou 325 hectolitres par hectare. L'arrosement a eu lieu le 28 mars 1843, par un temps très-sec ; le 30 mars est survenue une pluie assez forte, et le temps est resté pluvieux jusqu'au 5 avril, de telle sorte que les engrais ont été uniformément répartis. L'année a été assez pluvieuse ; la récolte a eu lieu le 30 juin ; le tout a été fauché le même jour, le temps a été favorable à la dessiccation ; après quelques jours d'exposition à un soleil ardent, le foin récolté sur chaque bande a été pesé séparément et avec les plus grands soins ; je présente sous forme de tableau les résultats de ces divers essais calculés par hectare de superficie, et comme la question, telle que je me la suis posée, comprend l'utilité de l'application des produits essayés d'après leur prix actuel en Flandre, j'ai complété le tableau par des chiffres qui permettent d'apprécier cette utilité pour les autres contrées.

Numéros.	NATURE de l'engrais employé.	Quantité par hectare.	Prix par 100 kil. transportés sur les terres.	Quantité de foin récolté sans addition d'engrais par hectare.	Quantité de foin supplémentaire due à l'engrais.	Prix du foin par 100 kil.	Dépense.		Recette.		DIFFÉRENCES exprimant le bénéfice par + et la perte par —.		
		kil.	fr.	kil.	kil.	fr.	F.	C.	F.	C.		F.	C.
1	Chlorhydrate d'ammon.	266	100	4000	1716	8	266	»	137	28	—	128	72
2	Sulfate d'ammoniaque.	266	60	d.°	1233	d.°	159	60	98	64	—	60	96
3	Nitrate de soude......	133	65	d.°	800	d.°	86	45	64	»	—	22	45
4	Nitrate de soude......	266	65	d.°	1723	d.°	172	90	137	84	—	35	06
		lit.											
5	Eau ammoniacale (*a*) des usines à gaz.....	5400	1	d.°	2300	d.°	54	»	184	»	+	130	»
6	Dissolution gélatineuse des fabriques de noir animal (*b*).........	21666	0 75	d.°	2493	d.°	162	49	199	44	+	37	»
7	Urine de cheval......	21666	0 75	d.°	2240	d.°	162	49	179	20	+	17	20
8	Engrais flamand......	21666	0 75	d.°	3433	d.°	162	49	274	64	+	112	64

(*a*) L'eau ammoniacale de l'usine à gaz de Lille, qui a servi à cet essai, mar-

Les essais dont le détail se trouve consigné sur le tableau qui précède donnent lieu aux déductions suivantes.

POINT DE VUE THÉORIQUE.

1. Les sels ammoniacaux directement employés comme engrais agissent comme les engrais azotés habituels ; la quantité de produits récoltés est assez en rapport avec la quantité d'azote que ces divers sels contiennent.

---

quait 4° à l'aréomètre ; avant d'être répandu sur les terres, l'ammoniaque contenu dans ce liquide a été converti en chlorhydrate par le mélange de ce liquide ammoniacal avec le double de son volume d'acide provenant de l'acidification des os dans la fabrication de la gélatine. Ce résidu n'avait pas été jusqu'alors utilisé dans mes usines.

Le phosphate de chaux résultant de la décomposition est resté mêlé au liquide répandu sur les terres ; mais son influence immédiate a dû être peu considérable, car un essai fait dans les mêmes circonstances, en décomposant la même quantité de dissolution acide de phosphate de chaux, au moyen d'un léger excès de chaux, mais sans addition d'ammoniaque, n'a donné aucun résultat appréciable. Sans nier l'influence de ce phosphate comme engrais ou amendement, j'ai la conviction que son action ne peut s'exercer que très-lentement.

(*b*) Liquide obtenu par l'ébullition dans l'eau à laquelle je soumets les os de cuisine pour en extraire la graisse. L'eau gélatineuse qui reste après la séparation du suif d'os contient 2 1/2 p. 100 de gélatine impure et un peu altérée.

(*c*) L'engrais flamand employé consistait en urine et matières fécales pures. Il était moins aqueux que celui livré habituellement aux cultivateurs. La vente de ce produit ayant lieu au profit des domestiques, ces derniers ont soin d'y joindre toutes les eaux ménagères, aussi remarque-t-on des différences fort considérables dans l'action fertilisante de cet engrais.

Nota. Peu de jours après que les engrais eurent été répandus, on pouvait déjà apercevoir leur action sur la végétation, les bandes chargées d'engrais étaient d'un vert beaucoup plus foncé. Les résultats étaient surtout remarquables pour les N.os 5, 6 et 8.

Pour les N.os 1, 2, 3 et 4, le foin est parvenu à parfaite maturité ; pour les numéros suivants et surtout pour les N.os 6 et 8, l'herbe était moins mûre, mais il convenait cependant de faucher, parce que très-serrée elle commençait à s'étioler au pied et se serait promptement altérée.

2. Le nitrate de soude employé comme engrais donne lieu à des résultats analogues; l'azote du nitrate de soude paraît même plus facilement assimilé que celui des sels ammoniacaux, si l'on ne veut pas faire intervenir l'action de la soude du nitrate comme ayant concouru au développement de la végétation (*).

3. L'importance de la récolte a été, dans mes essais, proportionnelle à la quantité du nitrate de soude employé.

4. La dissolution gélatineuse employée comme engrais a eu une énergie d'action qui, comparée à celle du chlorhydrate d'ammoniaque, est en rapport avec les quantités d'azote que contiennent les deux corps.

5. M. Liebig, dans sa chimie appliquée à l'agriculture, en partant de la supposition que 1 kilog. d'eau de pluie ne contient que 1/4 de décigramme d'ammoniaque, arrive à établir qu'un arpent de terre (2,500 mètres carrés) reçoit annuellement plus de 40 kilog. d'ammoniaque et par conséquent 33.8 kilog. d'azote pur, quantité plus considérable que celle nécessaire pour former 1,325 kilog. de blé, 1,400 kilog. de foin, et 10,000 kilog. de betteraves.

L'on ne saurait conclure de cet argument que dans toutes les circonstances l'air atmosphérique fournit aux plantes la quantité d'azote nécessaire à leur développement.

Mes expériences démontrent que si cette quantité d'azote existe effectivement dans l'eau de pluie dans un état assimilable par les plantes, une quantité supplémentaire doit être fournie par des engrais azotés pour donner lieu à une végétation vigou-

---

(*) Nota. Un essai fait dans les mêmes circonstances, avec des quantités de sulfate de soude sec égales à celles du nitrate de soude, n'a donné aucun résultat. La végétation n'était pas plus active que sans l'emploi de ce sel ; mais il est possible que la soude provenant de la décomposition du nitrate de soude, et pouvant former des sels de soude à acide organique, agisse différemment que la soude engagée dans une combinaison aussi stable que le sulfate de soude.

reuse. Elles démontrent aussi que cet engrais azoté n'intervient pas seulement en fournissant son azote, mais encore en donnant à la plante la force assimilatrice nécessaire pour s'emparer d'une plus grande quantité d'azote de l'atmosphère. Elles démontrent que la force assimilatrice des plantes croît avec la quantité d'azote qu'on leur fournit : et cette opinion dans mon esprit ne s'applique pas seulement à l'assimilation de l'azote, mais aussi, et au même degré, à l'assimilation des sels alcalins, des phosphates, enfin de toutes les substances minérales qui sont indispensables à une bonne végétation et surtout à la fructification.

Il existe donc une solidarité entre les deux agents qui, pris isolément, ne peuvent donner que des résultats incomplets.

Mais il est un autre point de vue sous lequel il convient d'envisager l'intervention des sels ammoniacaux et qui ne me paraît pas encore avoir fixé l'attention des chimistes.

Dans un travail sur les efflorescences des murailles, publié en 1829 (1), j'ai été conduit à constater l'existence d'une certaine quantité de carbonate de potasse ou de soude dans toutes les craies et ensuite dans presque toutes les matières minérales ; ces observations, qui m'ont conduit à émettre une opinion sur l'intervention de la potasse et de la soude dans la formation par la voie humide de la plupart des roches, peuvent servir à justifier l'existence des alcalis dans les plantes, même dans celles qui croissent sur des terrains entièrement crayeux. Néanmoins il est difficile d'admettre que la potasse ou la soude qui se trouve dans les plantes à l'état de sels à acide organique, soit toujours livrée aux végétaux à l'état de carbonate ou de silicate soluble ; c'est le plus souvent à l'état de sulfate et à l'état de chlorure. Personne ne saurait contester par exemple que les plantes ma-

---

(1) *Annalen der pharmacie XXIX. Abhandlung über die salpeter-bildung.*

rines ne reçoivent la plus grande partie de leur soude à l'état de chlorure de sodium. Or, il est différentes manières d'expliquer les réactions par lesquelles les sels à acide organique se forment par le déplacement de l'acide minéral en apparence bien plus puissant. L'acide oxalique, qui se forme par l'acte de la végétation et qui donne un sel de chaux insoluble, peut très-bien expliquer la décomposition du chlorure de calcium ou du sulfate de chaux aspiré par les racines à l'état de dissolution ; mais les sels à base de potasse ou de soude qui se forment dans les végétaux étant tous solubles, les mêmes réactions ne peuvent intervenir.

Le phosphate de chaux comme celui de magnésie peut être aspiré par les plantes à l'état de dissolution dans l'eau chargée d'acide carbonique ou de bi-carbonate alcalins (*), ou il peut être le résultat d'une double décomposition dans les plantes par l'aspiration simultanée des sels solubles de chaux et de magnésie et de phosphate de potasse, de soude ou d'ammoniaque, en présence de ces bi-carbonates alcalins. L'existence du phosphore et du soufre dans les tissus organiques s'explique au besoin par la décomposition des sulfates et des phosphates, sous l'influence désoxigénante de la fermentation putride des engrais.

Mais comment les chlorures alcalins parviennent-ils à donner leur base à des acides organiques ?

J'ai tout lieu de penser que dans cette transformation le carbonate d'ammoniaque, résultat habituel de la décomposition des engrais azotés, ou le carbonate d'ammoniaque, résultat du contact du chlorhydrate d'ammoniaque et du sulfate d'ammo-

---

(*) J'ai constaté par des expériences directes que les phosphates de chaux et de magnésie sont un peu solubles dans l'eau à la faveur de l'acide carbonique et de bi-carbonates alcalins.

niaque avec la craie sous l'influence du soleil, agit sur les chlorures de sodium et de potassium, les transforme en chlorhydrate d'ammoniaque et en carbonates de soude et de potasse susceptibles de céder leur base aux acides organiques. Ces décompositions ne peuvent se faire que sous l'influence de l'humidité et d'une réaction basique de la terre, et cette dernière condition fait comprendre toute l'efficacité de maintenir toujours les terres à l'état alcalin par des additions de chaux, de cendres, etc., etc.

Les sels ammoniacaux joueraient donc dans l'appropriation des alimens alcalins par les végétaux le même rôle que j'ai assigné à ces sels dans la nitrification, lorsqu'il s'agit du transport de l'acide nitrique sur la chaux et la magnésie.

Ayant constaté la présence du carbonate et du nitrate d'ammoniaque dans la lessive des salpêtriers, j'ai été conduit à admettre que les carbonates calcaires et magnésiens qui font partie des terres susceptibles de nitrification échangent leur acide avec le nitrate ammoniacal qui est ainsi amené à l'état de carbonate. Tous ces échanges d'acides se produisent aussi sous l'influence d'une réaction alcaline et sous l'influence du soleil.

Pour me résumer, je pense que dans la végétation, comme dans l'acte de la nitrification, le sel ammoniacal n'intervient pas seulement en fournissant son azote à la formation nouvelle, soit de l'acide nitrique, soit du principe azoté des plantes, mais qu'il intervient encore comme moyen de transport ou de décomposition, tantôt sous l'influence du soleil, tantôt sous l'influence de l'eau, et qu'ainsi il concourt puissamment à la fertilisation des terres, tant par l'azote qu'il fournit aux plantes que par la potasse ou la soude des chlorures qu'il dispose à l'assimilation par les plantes à l'état de sels à acide organique.

Je ne m'arrêterai pas davantage à ces considérations, elles reposent sur des conjectures que j'abandonne à l'appréciation des chimistes.

Si l'on vient à comparer mes résultats à ceux qui ont porté

M. Bouchardat à formuler des conclusions si contraires aux miennes, l'on sera conduit, je pense, à admettre que M. Bouchardat, en plongeant dans des bocaux contenant des dissolutions affaiblies à 1/1000 ou 1/1500 de sel ammoniacal, des branches de différents végétaux, n'a pas fourni ces sels à la végétation dans les conditions ordinaires; qu'il a jeté dans la circulation des plantes des quantités trop considérables de sels ammoniacaux non décomposés.

M. Bouchardat constate cependant que des plants de chou placés chacun dans une caisse renfermant du terreau mêlé de bonne terre de jardin, ayant été arrosés par des dissolutions affaiblies de sels ammoniacaux, ne sont pas morts.

M. Bouchardat, pour expliquer ces résultats si différents des premiers, dit que, dans la dernière expérience, les sels ammoniacaux n'ont pas été absorbés, qu'ils ont été retenus par le terreau.

Toutefois, le travail de M. Bouchardat ne m'étant connu que par l'extrait d'une note de l'auteur insérée au compte-rendu des séances de l'Académie des sciences du 6 février 1843, et ce travail ayant été renvoyé à l'examen d'une commission, j'attendrai le rapport de cette Commission pour fixer mon opinion d'une manière définitive sur les causes de la grande différence qui existe entre les résultats de M. Bouchardat et les miens.

POINT DE VUE PRATIQUE.

Si nous abordons la question industrielle et commerciale, nous devons reconnaître que dans les conditions actuelles du prix des sels ammoniacaux et du nitrate de soude en France, si l'on ne tient compte que d'une seule récolte, et lorsqu'il s'agit de la fertilisation des prairies, il y a une perte de plus d'un tiers du montant de la dépense. Il faudrait donc, pour qu'il n'y eût pas de perte, lorsqu'il s'agit de cette culture, que tout au plus les

2/3 de l'action fertilisante fussent épuisés, et qu'au moins 1/3 fût produit par le regain ou les coupes de l'année suivante.

On admet généralement en Flandre que la deuxième année, il reste dans les terres moitié de la fumure lorsqu'on se sert de fumier d'étable. Quant à l'engrais flamand, on a remarqué que son action fertilisante est presqu'entièrement épuisée dès la première année; ce dernier résultat s'explique, si l'on considère que dans l'engrais flamand la plus grande partie des principes fertilisants se volatilise, et cette circonstance m'a fait recommander à nos cultivateurs d'ajouter à cet engrais, avant de le répandre sur les champs, du plâtre en poudre ou des sels qui, par leur décomposition, sont susceptibles de donner plus de fixité au sel ammoniacal. C'est une pratique déjà proposée par les chimistes pour les engrais en général, et dont j'ai constaté toute l'utilité pour l'engrais flamand en particulier.

Cette grande volatilité du principe fécondant n'existe pas dans l'emploi du sulfate et du chlorhydrate d'ammoniaque, bien que la décomposition de ces sels doive avoir lieu à la longue par la craie qui fait partie de la terre végétale.

Il est donc permis d'admettre qu'au prix actuel du sulfate d'ammoniaque, l'on peut, en faisant emploi de cette matière comme engrais, même lorsqu'il s'agit de la culture des prairies, retrouver dans l'augmentation des récoltes l'équivalent de la somme dépensée; à bien plus forte raison la dépense sera-t-elle couverte lorsqu'on appliquera cette méthode de fumure à la culture des lins, des tabacs, du colza, etc., etc.

D'un autre côté, il ne faut pas perdre de vue que du moment où les sels ammoniacaux auront trouvé des débouchés assurés dans l'agriculture, ils seront recueillis en plus grande quantité et leur prix pourra considérablement fléchir.

Lorsque l'heureuse influence des produits ammoniacaux aura été appréciée par l'agriculteur, ce n'est pas à l'état de sels purifiés que ces produits lui seront livrés, mais à l'état du produit brut de la distillation des matières azotées, et pour rendre ces produits moins volatils et éviter ainsi des pertes considérables qui se produisent dans l'emploi des engrais en général, on opérera la décomposition du carbonate d'ammoniaque par des matières de peu de valeur, par du plâtre, par des magmas d'alun, etc., etc.

Depuis trois années je fais l'application de cette méthode à plusieurs hectares de prairies ; je décompose les produits ammoniacaux résultant de la distillation de la houille dans les établissements où se fabrique le gaz par les eaux acides provenant de l'acidification des os, j'obtiens ainsi une dissolution économique de sel ammoniacal, qui me permet de faire jusqu'à trois et même quatre coupes d'herbe en une année, et avec une dépense qui est infiniment moins considérable que celle que nécessiterait tout autre engrais pour arriver au même résultat *. C'est là une application que je signale à l'attention des agriculteurs, des fabricants de produits chimiques et des directeurs d'usines à gaz.

L'on verra, d'après les résultats obtenus par le N.º 5 du tableau qui précède, que de tous les essais faits c'est celui qui a donné les résultats les plus remarquables. En comparant la dépense à la recette, on arrive au rapport de 100 à 340, lorsque l'engrais flamand, qui est sans contredit l'engrais le plus avantageux quand il est pur, n'a donné qu'un bénéfice de 69.32 p. 100 de la somme dépensée.

Un pareil résultat est d'autant plus remarquable qu'il est produit par une seule récolte, lorsque l'influence de l'engrais en question se manifeste d'une manière très-visible pendant plu-

---

* Pour obtenir quatre coupes d'herbe, il convient de faucher avant la floraison; le produit récolté n'est pas aussi nourrissant; il était donné en vert aux chevaux et aux vaches.

sieurs années, et surtout qu'il est produit par une culture qui admet le moins facilement l'emploi d'une fumure dispendieuse.

Enfin les résultats signalés ne sont pas sans intérêt à ce point de vue que si le nitrate de soude, dont l'emploi a déjà été fait avec succès en Angleterre, ne peut pas, au prix actuel de ce produit en France, constituer un engrais profitable, ou ne le peut du moins que dans de rares circonstances, ce produit pourra devenir d'un usage général dans les contrées où les engrais sont rares et les voies de communication difficiles, le jour où le gouvernement, dans l'intérêt de ces localités, supprimera les droits qui frappent le nitrate de soude à son entrée en France et qui s'élèvent à fr. 16.50 par 100 kilog.*

Aujourd'hui que la fabrication du salpêtre est à peu près abandonnée en France, par suite de la faculté accordée aux salpêtriers de se borner à transformer en nitrate de potasse le nitrate de soude du Chili, et que le gouvernement s'approvisionne lui-même en grande partie du salpêtre de l'Inde, cette suppression du droit d'entrée sur le nitrate de soude ne saurait contrarier aucune industrie existante.

---

* Si, dans l'essai N.° 4, il avait été fait usage de nitrate affranchi de droits, au lieu d'une perte de 43 fr. 89 c., il y eût eu un bénéfice de 8 fr. 83 c. dès la première récolte de foin.

THÉORIE DES ENGRAIS.

2.e Mémoire. — 1844.

Dans un premier mémoire que j'ai publié en novembre 1843, j'ai eu pour but de mettre en évidence l'efficacité de l'emploi pour la fertilisation des terres, des sels dont l'acide ou la base contient de l'azote, et de combattre quelques assertions contraires qui avaient été produites. Une longue expérience de l'emploi de ces sels m'avait fait comprendre que la question de leur influence sur la végétation n'était pas seulement une question scientifique, mais que l'abaissement successif du prix de ces produits dans le commerce, en avait fait une question industrielle qui acquerra tous les jours plus d'importance.

J'ai établi par les faits les plus évidents que les matières salines azotées activent la végétation avec une énergie qui est proportionnelle à la quantité d'azote qu'elles renferment ; qu'elles partagent cette propriété avec toute matière azotée de nature oganique, et que ces aliments essentiellement profitables déterminent une assimilation plus prompte par les plantes de tous leurs autres principes constitutifs, enfin, j'ai cherché à établir comment les sels ammoniacaux peuvent intervenir comme moyen de transport dans les plantes de certaines matières insolubles ou peu solubles dans l'eau, et comment aussi leur influence peut s'exercer pour transformer les chlorures de potassium et de sodium en sels à acides organiques, susceptibles de donner, par incinération, des carbonates de potasse ou de soude.

Les résultats de mes expériences de 1843 ne pouvaient laisser de doute sur la valeur des conclusions que j'ai cru pouvoir en tirer. Cependant, comme il s'agit dans cette question d'établir l'utilité pratique d'agents dont l'emploi dans l'agriculture est encore à l'état d'essai, j'ai cru devoir répéter, en 1844, une partie de ces mêmes expériences, et j'y ai joint un grand nombre d'autres essais, pour arriver à répondre aux questions suivantes, qui concernent divers points de la théorie des engrais, et dont la solution m'a paru intéresser vivement l'industrie agricole.

1.° La quantité d'azote d'un engrais, indépendamment des matières minérales, décide-t-elle toujours du degré d'activité que cet engrais doit produire sur la végétation ? Quelles sont les circonstances où cette proportionnalité n'existe plus ?

2.° Les nitrates employés comme engrais doivent-ils une partie de leur action à la base ou doit-on considérer leur action comme déterminée, sinon exclusivement, du moins pour la plus grande partie, par l'azote de l'acide nitrique ?

3.° L'intervention des phosphates dans la végétation ne pouvant être contestée, puisque ces sels existent toujours, et souvent en grande quantité, dans les cendres, faut-il en conclure que ces sels peuvent être considérés, pris isolément, comme des agents actifs dans la fertilisation des terres, ou leur influence est-elle subordonnée à l'existence des produits azotés ?

4.° Dans les engrais organiques habituels il existe des matières organiques non azotées; ces matières prennent-elles une part importante dans la fertilisation, ou en d'autres termes existe-t-il des engrais formés de matières organiques non azotées qui soient susceptibles de quelque énergie d'action ? Ainsi, l'huile qui fait partie des tourteaux contribue-t-elle à donner à cet engrais ses propriétés actives ?

5.° L'influence efficace de l'emploi des sels ammoniacaux et des nitrates s'exerce-t-elle encore après une première récolte ? Quelle est la limite de la durée de l'action de ces sels ?

Il est facile de comprendre, au seul énoncé de ces questions, que ce ne saurait être dans les résultats d'expériences d'une seule année qu'on en trouvera la solution complète; que cette solution ne peut être acquise que par une série d'essais se succédant d'année en année et dirigés d'après un plan bien raisonné, pour les faire concourir tous à simplifier l'un des problèmes les plus compliqués de la physiologie végétale.

Le travail que je viens livrer aujourd'hui à l'appréciation des savants et des agronomes n'est donc qu'un échelon de plus, destiné à atteindre le but que je me suis proposé, en consacrant à des expériences agronomiques les prairies qui entourent mes usines de Loos. J'ai consigné dans le tableau qui suit les résultats des essais faits en 1844, en mettant en regard le produit en foin et en regain. Les essais ont eu lieu, comme en 1843, sur un pré dans des conditions égales de fertilité et d'exposition; ce champ d'expérimentation a été divisé en compartiments d'une contenance de trois ares chacun et séparés par des rigoles; des compartiments sans engrais ont été intercalés de distance en distance, afin de servir de point de comparaison.

Les matières servant aux essais ont été uniformément répandues sur la terre le 20 avril 1844. Ces matières ont été dissoutes dans 1,000 litres d'eau lorsqu'elles consistaient en matières solubles. Celles pulvérulentes insolubles ont été semées à la volée. quant à l'huile, on l'a fait absorber par du sable chaud, et le sable ainsi imprégné a été semé. Tous les compartiments qui avaient reçu des matières pulvérulentes, comme ceux restés sans engrais, ont été arrosés avec 1,000 litres d'eau, afin de placer autant que possible tous les compartiments dans les mêmes conditions d'humidité. Le temps, pendant la végétation qui a donné le foin, était généralement sec. Après la récolte qui a eu lieu fin juin, le temps a été pluvieux jusqu'au 20 septembre, époque de la récolte du regain. Après avoir amené ces récoltes dans un état de dessiccation uniforme et aussi complet qu'on pouvait le faire à l'air libre et sous l'influence du soleil, leurs poids ont été déterminés avec le plus grand soin.

Les résultats de ces divers essais ont été consignés sur le tableau qui suit :

N.° d'ordre.	NATURE de l'engrais employé.	Quantité par hectare.	Récolte obtenue en foin.	Récolte obtenue en regain.	Récolte obtenue total.	Excédants à l'engrais. en foin.	Excédants à l'engrais. en regain.	Excédants à l'engrais. total.	Azote par 100 d'engrais.	Excédant de récolte fourni par 100 d'azote contenu dans l'engrais.
			K.	K.	K.	K.	K.	K.		
1	Aucun engrais	16666	2427	1393	3820	(3)	»	»	»	»
2	Eau ammoniacale des usines à gaz.	lit. à 3°					»	»	»	»
»	Saturée par le liquide d'acidification d'os, et contenant en sel ammoniac	333	6533	3373	9906	4106	1980	6086	26.43	6916
3	Sulfate d'ammoniaque (1)	250	3947	1617	5564	1520	224	1744	20.30	3436
4	Nitrate de soude (1)	250	3867	1823	5690	1440	430	1870	15.76	4752
5	Nitrate de chaux sec (1)	250	3367	2030	5397	940	637	1577	17	3710
6	Chlorure de calcium	250	2417	1413	3830	»	»	»	»	»
7	Phosphate de soude cristallisé	300	2693	1633	4326	266	240	506	»	»
8	Os incinérés	800	2353	1300	3653	»	»	»	»	»
9	Gélatine d'os (2)	500	4180	2203	6383	1753	810	2563	16 51	3104
10	Guano du Pérou	600	4090	2270	6360	1663	877	2540	4.08	8500
11	Idem	300	3437	1966	5403	1010	573	1583	4.98	10595
12	Tourteaux de lin	800	2647	1773	4420	220	380	600	5.20	1442
13	Huile de colza	600	2393	1000	3393	»	»	»	»	»
14	Idem	300	2687	1356	4043	»	»	»	»	»
15	»	»	»	»	»	»	»	»	»	»
16	Fécule	800	2267	1586	3853	»	»	»	»	»
17	Glucose (sirop massé)	800	2333	1114	3447	»	»	»	»	»

(1) Représentant 95 p. o/o de sel pur et sec.
(2) Représentant 90 p. o/o de gélatine sèche.
(3) D'après le poids moyen des récoltes des compartiments sans engrais.

Si nous examinons les résultats obtenus en vue de la solution des questions posées en tête de ce travail, nous arrivons aux opinions suivantes :

Pemière question.

L'activité imprimée à la végétation par les produits azotés, est proportionnelle à la quantité d'azote que ces produits renferment. Cette conclusion peut être admise d'une manière absolue, lorsqu'il s'agit de matières azotées qui ne renferment pas de matières minérales, et que d'ailleurs les aliments minéraux nécessaires aux plantes sont suffisamment abondants dans le sol; mais dès que ces matières azotées sont associées à des bases fixes, il convient d'en tenir compte, et certes, nous trouvons une démonstration de cette convenance, dans ce fait qu'à poids égaux, le nitrate de soude a fourni un excédant de récolte presque aussi considérable que le sulfate d'ammoniaque; et pourtant il ne renferme que 16.57 pour cent d'azote, tandis que le sulfate d'ammoniaque en contient 21.37 pour cent.

Il est possible d'attribuer cette différence d'action à une décomposition trop rapide du sel ammoniacal en présence de la craie qui fait partie de la terre végétale, et par conséquent à la perte d'une certaine quantité de carbonate d'ammoniaque enlevée par l'air, mais d'autres résultats nous font incliner vers l'opinion que l'influence de la soude a été assez puissante pour justifier suffisamment les résultats observés.

Des conditions d'humidité et de chaleur différentes doivent faire varier considérablement les résultats produits par les engrais azotés, abstraction faite des matières minérales qu'ils peuvent renfermer. Pour bien observer la proportionnalité de leur action, il convient de comparer les sels ammoniacaux entre eux, et c'est ce que nous avons fait en 1843, et alors nous avons vu que le chlorhydrate d'ammoniaque et le sulfate d'ammoniaque donnent dans les mêmes conditions des récoltes dont le poids est en rapport avec les quantités d'azote que contiennent les deux sels. Il est à remarquer que les essais ont eu lieu sur des surfaces de terrain identiques, et devant contenir la même quantité de matières salines fixes.

La matière organique azotée peut être d'une décomposition trop lente, et dès-lors son action n'est pas immédiate; cela a lieu pour certaines matières telles que le cuir tanné, mais le plus souvent l'inverse a lieu, et dans la confection des engrais artificiels, l'on doit chercher plutôt à ralentir cette décomposition qu'à la précipiter.

Il est à remarquer enfin que le poids des récoltes ne croît pas toujours dans la même proportion que les quantités d'engrais; ainsi 300 kilogrammes de guano ont donné en foin et en regain un excédant de 1583 kilogrammes, tandis que le double de guano n'a donné qu'un excédant de 2540 kilogrammes. Les récoltes [illegible] 1845 démontreront s'il faut croire que dans cette circonstan[illegible] engrais n'a pas été entièrement épuisé. Déjà nous avons constaté que les excédants de récolte n'ont pas augmenté dans une proportion plus forte pour le regain que pour les foins. Il est donc difficile d'admettre que passé une certaine limite les récoltes restent proportionnelles à la quantité d'azote. Il faut tenir compte de la volatilisation ou de l'entraînement par les eaux pluviales des parties d'engrais qui ne sont pas immédiatement mises à profit par la végétation. Il est convenable du reste de ne pas donner à la végétation une excitation trop grande par l'abus des engrais; ainsi dans l'un des essais consignés au tableau, le N.º 1, où la végétation a été extrêmement vigoureuse, l'herbe était trop serrée, sa croissance a été précipitée, les tiges sont restées molles, et pour empêcher l'herbe de verser et de pourrir sur pied, il a été nécessaire de faucher avant que le foin fût arrivé à sa maturité. Les inconvénients signalés se sont même reproduits pour le regain.

Seconde question.

Le nitrate de soude paraît devoir la plus grande partie de son énergique action comme engrais à l'azote contenu dans son acide. Les résultats consignés au tableau qui précède constatent que lorsque l'acide nitrique est saturé par la chaux, son action sur la végétation est encore fort énergique, quoiqu'un peu plus faible.

Nous avons déjà eu occasion de remarquer, qu'il est difficile de ne pas reconnaître que le nitrate de soude contribue en partie à stimuler la végétation par sa base destinée à saturer les acides organiques au moment de la décomposition de l'acide nitrique. Cet acide, sous l'influence désoxigénante de la fermentation putride passe sans doute à l'état d'ammoniaque, avant d'être assimilé par les plantes. Si aucun effet sur la végétation de la part de la soude n'a pu être remarqué dans mes expériences de 1843, par l'emploi du sulfate de soude comme engrais, c'est que ce sel présente peut-être trop de stabilité. D'un autre côté la chaux du nitrate de chaux n'est sans doute pas sans action, mais si l'on doit s'en rapporter aux résultats obtenus, la chaux combinée avec l'acide nitrique n'exerce pas une action aussi puissante que la soude, bien que les sels de chaux existent en plus grande quantité dans la sève des plantes que les sels à base de soude : ces sels se trouvent généralement en assez grande abondance dans la terre végétale.

Quoi qu'il en soit, nous pouvons conclure de tous les essais qui ont eu lieu, que les bases des nitrates contribuent à la fertilisation des terres pour une part beaucoup moindre que l'acide nitrique, alors surtout qu'il s'agit d'une action immédiate et facilement constatable.

Troisième question.

Si l'on envisage la question des engrais au point de vue de la végétation dans son état normal, si l'on tient compte de cette circonstance, que l'analyse des cendres a fait constater l'existence de certains sels de nature inorganique, et notamment des phosphates, dans la plupart des végétaux, l'on arrive facilement à conclure que l'atmosphère, qui est le réceptacle de toutes les émanations ammoniacales qui se produisent, doit fournir continuellement à la végétation les éléments azotés qui lui sont nécessaires, et que la question qui doit plus particulièrement préoccuper les agronomes, c'est de réparer les pertes de matières salines minérales, et notamment de phosphates, de silicates, etc., que fait tous les ans la terre, par l'enlèvement des récoltes. Cette opinion ne peut trouver que bien peu de contradicteurs, du moment où la question est bien posée; mais en même temps tous les chimistes seront d'accord pour reconnaître que le stimulant le plus puissant de la végétation consiste dans les matières azotées, lorsque, du reste, les aliments salins préexistent dans la terre en quantité suffisante, ce qui a lieu très-fréquemment. Tous nos essais conduisent à penser que lorsque l'on fait de l'engrais une question industrielle, lorsque le problème à résoudre consiste non pas à maintenir un équilibre pour permettre aux divers végétaux de se reproduire indéfiniment sur le même terrain, mais à développer une végétation exceptionnelle, une végétation en quelque sorte forcée, l'on ne saurait y arriver que par les engrais azotés, alors surtout que par le système des assolements, les mêmes plantes ne reparaissent qu'à quelques années d'intervalle. Sans doute, ces engrais, s'ils ne sont pas accompagnés des principes salins qui doivent faire partie constituante des plantes, finiront par rendre certains terrains inhabiles à produire de certaines productions végétales, mais en envisageant la question à ce point de vue, je pense qu'à supposer que l'épuisement d'un terrain des matières minérales nécessaires à la végétation et à la fructification puisse se produire dans un laps de temps plus ou moins éloigné, il doit se produire un premier besoin chez le cultivateur, c'est de faire rendre à la terre tout ce qu'elle peut rendre; c'est là un intérêt immédiat, l'autre question est un intérêt d'avenir également respectable au point de vue social, mais ce ne saurait être le point de vue sous lequel le cultivateur, qui habituellement n'est que locataire, doit envisager l'utilité de l'engrais. Nul doute que l'engrais le plus convenable pour l'intérêt du moment et l'intérêt de l'avenir est celui qui, en donnant à la végétation une activité anormale, rend à la terre les matières minérales que les récoltes doivent lui enlever; mais il n'en est pas moins constant pour moi que l'engrais dont l'activité est la plus immédiate est l'engrais azoté, l'engrais ammoniacal ou nitreux, qui, ainsi que je l'ai exposé dans un précédent travail, sert non seulement par l'azote que s'assimile la plante, mais aussi par les principes minéraux dont il détermine une absorption plus abondante, en donnant de l'activité à la végétation et peut être aussi en facilitant la dissolution de certains sels insolubles que les végétaux s'approprient.

En vain l'on chercherait à produire par l'emploi des matières minérales sans azote, une activité de végétation comparable à celle que pendant un certain laps de temps et jusqu'à épuisement des matières minérales assimilables les engrais azotés peuvent produire.

La question des engrais ne paraît devoir être posée dans ces termes; et à l'appui de mon opinion à cet égard je n'ai qu'à établir le parallèle entre le degré d'activité imprimé à la végétation dans les essais faits à Loos en 1844, au moyen des sels azotés (nitrates ou sels ammoniacaux), et les résultats obtenus par l'emploi des phosphates. A peine si ces derniers produits ont donné des résultats appréciables par une seule année de récoltes. Le phosphate de chaux des os n'a donné aucun excédant. Le phosphate de soude n'a donné qu'un excédant insignifiant qui pourrait même être attribué à des circonstances accidentelles, car les différences ne sont pas beaucoup plus grandes que celles observées en comparant entr'eux les produits des compartiments qui n'ont pas reçu d'engrais. Il n'y aurait pas là un résultat assez marqué pour prouver qu'il y a eu de la part du phosphate de soude, pris isolément, une intervention active.

Au moment où nous publions ce second compte-rendu de nos expériences agronomiques, nous pouvons déjà annoncer que les résultats de nos essais compris dans le programme de 1845, démontreront que si l'influence des phosphates et des substances salines en général qui entrent dans la composition des cendres des végétaux est lente et difficile à constater par les résultats d'une seule récolte, cette influence n'en est pas moins constante. Elle diffère de celle des produits azotés en ce qu'elle se répartit sur un plus grand nombre d'années, et que les circonstances atmosphériques la dominent davantage.

Quatrième question.

Aucune des matières organiques non azotées, employées dans mes essais, n'a donné d'augmentation dans mes récoltes. Cela tient-il à ce que leur décomposition est plus lente, ou à ce qu'elles sont inhabiles à activer la végétation ? C'est là une question dont mes essais ne peuvent encore compléter la solution ; mais, dès aujourd'hui, ils font connaître que cette action est bien limitée.

Dans tous les cas, cette influence ne saurait être niée d'une manière absolue : les matières organiques non azotées par leur décomposition donnent de l'acide carbonique et du terreau, et si leur action n'est pas comparable à celle des produits azotées, l'on ne saurait contester leur intervention efficace dans de certaines limites par les gaz résultant de leur décomposition et par le résidu charbonneux qu'elles laissent à la terre. Ce résidu a au moins l'avantage de rendre la terre plus meuble, de lui permettre d'absorber plus facilement la chaleur par la couleur sombre qu'elle lui communique et de lui faire retenir longtemps les principes azotés volatilisables, soit par le charbon absorbant qui se forme, soit par l'acide ulmique qui sature l'ammoniaque.

Mais à côté de ces avantages, la décomposition de matières organiques non azotées ne peut-elle pas, si ces matières sont en trop grande quantité, produire une influence pernicieuse ? En l'absence de l'azote, la décomposition de ces matières donne des produits acides sous l'influence desquels la végétation ne saurait que languir. C'est là sans doute le motif qui fait que la tourbe ne produit d'utiles résultats qu'autant qu'elle a été au préalable mélangée avec de la chaux. Dans les conditions habituelles de l'emploi des fumiers d'étable, les acides développés par les matières organiques non azotées, sont saturés par l'ammoniaque que donnent les matières azotées.

Nous avons vu que le sucre de fécule, non seulement n'a pas donné d'excédant de récolte, mais qu'il a même donné des résultats négatifs. Nous pourrions attribuer la différence à l'action de l'acide développé par la fermentation acéteuse, mais la différence est trop faible pour que nous insistions sur ce point; elle peut provenir de quelque circonstance inaperçue.

Quoi qu'il en soit de cette question, il est dès aujourd'hui suffisamment constaté que le sucre pris isolément ne saurait constituer un engrais. Et cependant, à une époque où les mélasses de sucre de betterave ne trouvaient pas encore dans les distilleries un débouché suffisant, à une époque où le prix de ces mélasses s'était abaissé au-dessous de 5 francs les 100 kilogrammes, beaucoup de cultivateurs s'en sont servis pour fumer leurs terres.

Cette pratique peut paraître complètement condamnée par le résultat de nos essais ; toutefois, il ne faut pas perdre de vue la composition complexe de la mélasse de betteraves; il s'y trouve, en outre de la matière sucrée, beaucoup de substances salines et otamment des nitrates et des sels ammoniacaux.

L'huile ne semble pas agir plus efficacement que les autres matières non azotées, sa lente décomposition s'oppose d'ailleurs à une action immédiate et énergique.

Le tourteau lui-même n'agit pas très-promptement, parce que l'huile qui l'empreigne retarde la décomposition des autres matières qui en font partie. Cela explique pourquoi beaucoup de cultivateurs de la Flandre ont adopté la pratique de faire altérer leurs tourteaux par une fermentation avant de les répandre sur les terres; ils les délayent habituellement dans la citerne aux engrais liquides.

Les tourteaux paraissent donc tirer leur action fertilisante presqu'exclusivement de la matière azotée qu'ils renferment; et l'on ne saurait se refuser à penser que cet engrais a généralement un prix exagéré en comparant ce prix à celui de tous les autres produits azotés. D'après les analyses de MM. Payen et Bousingault, 100 parties de tourteau de colza desséché contiennent 5 50 d'azote et 4 92 de ce corps dans l'état d'humidité ordinaire. En tenant compte seulement de l'azote renfermé dans les engrais, 8 parties de tourteau produiraient sur les terres l'action fertilisante de cent parties de fumier de ferme ordinaire. D'après cette base d'appréciation, la valeur du tourteau comme engrais ne devrait pas être plus que onze à douze fois plus considérable que celle du fumier de ferme; or, en Flandre, où l'on fait un si grand usage de tourteau, une voiture de fumier du poids de 2,000 kilogrammes vaut 9 à 10 francs, et la valeur de 100 kilog. de tourteau s'élève souvent à 18 et même à 20 francs, c'est-à-dire quarante fois la valeur du fumier de ferme. Ajoutons cependant que dans l'état actuel de nos connaissances, quant à la théorie des engrais, le rapport qui existe entre les quantités d'azote ne peut pas, d'une manière absolue, indiquer la valeur relative des engrais. Ainsi, dans la comparaison qui précède, indépendamment de l'action qu'on peut attribuer aux matières organiques non azotées, action qui peut se déduire tout au moins de la formation d'acides et d'une matière charbonneuse destinés à fixer l'ammoniaque, il faut encore tenir compte des substances salines diverses contenues dans le fumier de ferme en plus grande quantité que dans le tourteau qui doit le remplacer.

Dans l'arrondissement de Lille, le cultivateur fait une différence entre les tourteaux de la ville et les tourteaux de la campagne : il donne la préférence à ces derniers, parce que, fabriqués avec les presses peu énergiques dont sont munis les moulins à vent, ils retiennent plus d'huile que les tourteaux fabriqués dans les usines mues par des machines à vapeur. Cette préférence, justifiée sans doute lorsque le tourteau est destiné à la nourriture des bestiaux, cesse de l'être lorsque le tourteau doit servir d'engrais pour les terres ; dans ce dernier cas, l'avantage est incontestablement du côté des tourteaux dont l'huile a été complétement exprimée et dans lesquels les matières azotées sont proportionnellement plus abondantes.

Des expériences directes m'ont fait constater dans des tourteaux bien pressés l'existence de 15 à 17 pour 100 d'huile, qu'un lavage à l'éther enlève facilement. Si cette huile pouvait être extraite au profit de quelque industrie, à l'état de savon par exemple, la valeur du résidu, dont la quantité serait diminuée de tout le poids de l'huile, ne serait pas amoindrie quant à son action fertilisante pour les terres. Quelques expériences tentées dans le but de saponifier l'huile des tourteaux m'ont fait constater un inconvénient très-grave de cette opération, la décomposition des matières azotées et leur transformation en ammoniaque, sous l'influence d'une température même très peu élevée.

Je ne fais donc ici, quant à l'extraction de l'huile des tourteaux, qu'énoncer un problème industriel, en abandonnant sa solution à d'ultérieures recherches.

Je ne terminerai pas ce qui concerne l'influence sur la fertilisation des terres des matières organiques non azotées, sans aborder la question de la formation de l'ammoniaque pendant la fermentation putride de ces matières par la fixation de l'azote de l'air et de l'hydrogène de l'eau, formation sur laquelle l'on a cherché à faire reposer une grande partie de l'efficacité d'engrais artificiels préparés avec des matières ligneuses peu azotées. La production de l'ammoniaque dans les circonstances indiquées est considérée comme un fait incontestable par beaucoup de chimistes. Les recherches de M. Hermann sur la fixation de l'azote atmosphérique pendant la pourriture du ligneux viennent appuyer cette opinion, il est à désirer cependant que des expériences nouvelles et bien décisives soient tentées. L'influence désoxigénante de la fermentation peut bien placer l'air contenu en dissolution dans l'eau dont les matières en fermentation sont imprégnées dans des conditions favorables à la combinaison de l'azote, au moment où il s'isole avec l'hydrogène de l'eau ou l'hydrogène provenant des matières organiques en décomposition; nous voyons tous les jours l'azote de l'air fixé à l'état d'ammoniaque là où intervient une décomposition lente de l'eau, comme cela a lieu dans la formation de la rouille. Nous connaissons en outre la propriété des matières poreuses, et du charbon en particulier, de condenser les gaz et par conséquent de faciliter leur action réciproque et leur combinaison; cependant un fait aussi capital que la formation de l'ammoniaque dans les matières organiques non azotées pendant leur fermentation me paraît devoir être appuyé par des résultats nombreux et décisifs au lieu de reposer sur une observation isolée, sur des probabilités et des analogies; car cette formation deviendrait la base fondamentale de toute fabrication d'engrais, et les circonstances qui la facilitent demanderaient à être étudiées avec le plus grand soin dans l'intérêt de notre agriculture, pour laquelle le problème de la fixation de l'azote de l'air dans les engrais est le problème le plus capital.

Cinquième question.

L'influence efficace de l'emploi des sels ammoniacaux et des nitrates s'exerce-t-elle encore après une première récolte ? Quelle est la limite de la durée de l'action de ces sels ?

La réponse à cette question se trouve consignée au tableau d'essais de 1844 en ce qui concerne le regain ou les récoltes faites dès la première année ; 250 kilogrammes de nitrate de soude ont donné un excédant de récolte en foin de 1,440 kilog., et un excédant en regain de 430 kilog.; et 250 kilog. de sulfate d'ammoniaque ont donné un excédant en foin de 1,529 kilog., et en regain de 224 kilog.

Pour arriver à résoudre la question, quant aux produits de la seconde année, j'ai fait récolter et faner séparément en 1844, les herbes produites sans addition nouvelle d'engrais sur les surfaces qui avaient servi aux essais faits en 1843. L'expérience m'a démontré que lorsqu'on emploie une quantité considérable de sel ammoniacal, l'influence de ce sel se fait sentir encore l'année suivante, mais d'une manière peu marquée. L'influence des dissolutions gélatineuses paraît être d'une durée généralement plus grande : un hectare de prés qui au printemps de 1843 avait été fumé avec 21,600 litres de dissolution gélatineuse contenant 2 1/2 pour 100 de gélatine, après avoir donné en 1843 un excédant de récolte de foin de 2,480 kilog., a encore donné en 1844 un excédant de 540 kilog. de foin.

L'urine de cheval, le nitrate de soude et les sels ammoniacaux n'ont plus donné de résultats sensiblement différents de ceux obtenus des surfaces non fumées. Ainsi en ce qui concerne les sels à acides ou bases azotés, en les employant dans les proportions adoptées pour mes essais, c'est-à dire de 250 kilog. environ par hectare, leur influence sur la végétation ne dépasse pas sensiblement la durée d'une année, donnant lieu à deux récoltes d'herbes, récoltes qui sont à la vérité des plus épuisantes.

CONSIDÉRATIONS ÉCONOMIQUES.

Lorsqu'en présence de ces résultats on examine la question de l'utilité de l'application des sels ammoniacaux et des nitrates comme engrais dans les conditions actuelles de leurs prix, on arrive aux données suivantes :

Le sulfate d'ammoniaque vaut encore dans le commerce le prix de 52 francs les 100 kilogrammes ; or, 250 kilog. de ce sel ayant coûté 130 fr., ont donné lieu à un excédant de récolte de 1520 kilog. en foin et 224 kilog. en regain, et en comptant le foin à 7 fr. et le regain à 4 fr. les 100 kilog., on arrive à un produit de 115 fr. 36 c., ce qui donne encore lieu à une perte de 14 fr. 64 c.

250 kilog. nitrate de soude dont le prix est de 48 fr. les 100 kilog. au cours actuel (depuis l'ordonnance du dégrèvement du 4 décembre 1844) ont donné un excédant de récolte de 1440 kilog. de foin et de 430 kilog. de regain, ce qui aux prix établis ci-dessus donnerait un produit de 118 fr., et par conséquent une perte de 2 fr.

Est-il besoin d'ajouter que ces rapports sont susceptibles de varier à l'infini en présence de la mobilité du prix des récoltes, autant que de celle des matières salines susceptibles d'être employées comme engrais, et que les chiffres ci-dessus ne s'appliquent qu'à la situation actuelle, comme ceux que j'ai fait ressortir de mon travail de 1843 ne s'appliquaient qu'à la situation d'alors.

Il est cependant une conclusion importante à tirer de ces observations, c'est que nous sommes bien près de l'époque où le prix du sulfate d'ammoniaque aura permis l'emploi de ce sel dans l'agriculture, pour la production des récoltes les moins chères. Avec du sulfate d'ammoniaque à 46 fr. les 100 kil., l'excédant de récolte en foin et en regain paierait le prix du sel. Nul doute que sous peu les développements donnés à la fabrication du sulfate d'ammoniaque avec les urines putréfiées, ou avec les eaux de condensation et d'épuration du gaz, amèneront le prix de ce sel à ce taux, et alors la consommation de ce produit industriel n'aura plus de limites. Jusqu'alors l'industrie agricole tirera le parti le plus utile des eaux ammoniacales des fabriques de gaz, après leur saturation par un acide ou mieux leur décomposition par du plâtre, par le chlorure de calcium des fabriques de colle, par des couperoses impures, du chlorure de manganèse, etc., etc. C'est ainsi que je fais préparer depuis plusieurs années des engrais extrêmement actifs et économiques.

Quant au nitrate de soude, j'ai démontré que nous sommes déjà aujourd'hui bien près de la limite où les récoltes promettront de couvrir entièrement la dépense. Ce résultat est dû en grande partie à une mesure qui vient d'être prise par le gouvernement et que j'avais vivement sollicitée auprès de M. le directeur général des douanes, dans l'intérêt de l'agriculture, en me fondant sur les résultats de mes expériences. J'avais proposé la suppression totale du droit, comme une mesure complétement efficace, mais on s'est borné à réduire ce droit à la moitié du droit primitif, en attribuant exclusivement cet avantage aux produits transportés directement de la mer du Sud par navires français. Il y a dans cette mesure un double but, c'est une faveur accordée à notre pavillon et un encouragement à l'agriculture, mais les résultats en seront presque nuls jusqu'au moment où le droit aura été supprimé totalement, car alors ce ne seront plus 2 à 5 millions de kilogrammes de nitrate que transporteront nos navires, mais le double, le triple, si les extractions du Chili le permettent; alors seulement l'agriculture s'emparera de ce produit et lui ouvrira un débouché sans limites.

M. le Directeur-général des douanes, appréciant toute la portée de ma demande, a bien voulu me faire espérer son appui auprès du gouvernement pour obtenir que le nitrate de soude soit livré à l'agriculture en franchise de droit, s'il peut être au préalable mélangé avec une matière qui puisse en empêcher l'emploi dans l'industrie manufacturière. Cette matière me paraît toute trouvée dans le sel marin, qui a une valeur si minime dans nos entrepôts de douane. 10 parties de sel ajoutées à 100 parties de nitrate de soude, rendraient ce nitrate impropre à la fabrication de l'acide sulfurique et de l'acide nitrique; du premier, parce qu'il hâterait l'altération des chambres de plomb et des appareils de platine, et du second, parce que le sel ajouté, se transformant en acide chlorhydrique dans la fabrication, en outre qu'il altérerait la pureté de l'acide nitrique, détruirait une partie de cet acide assez grande pour que l'emploi du nitrate mélangé soit très-préjudiciable aux intérêts des fabricants. D'un autre côté, la séparation des deux sels par cristallisation, pour les utiliser séparément, aurait difficilement lieu, le bénéfice de cette opération se trouvant limité par le droit actuel du nitrate réduit à 7 fr. 50 les 100 kilog., et cette opération présentant quelques difficultés dues au peu de différence dans la solubilité des deux sels.

Enfin, rien n'empêcherait, pour éviter la substitution frauduleuse dans les transactions commerciales, d'ajouter en outre au mélange de nitrate de soude et de sel marin, un ou deux pour 100 de charbon pulvérisé ou de goudron. Comme il ne s'agit plus aujourd'hui pour le gouvernement que d'une recette annuelle de 200,000 fr. environ, il faut espérer, dans l'intérêt du commerce maritime et de l'agriculture, que la suppression totale du droit sur le nitrate de soude sera prochainement consentie. Sur ma proposition, les Conseils généraux de l'agriculture et du commerce ont émis, dans leur dernière session, un vœu en faveur de la suppression totale des droits d'entrée sur le nitrate de soude.

THÉORIE DES ENGRAIS.

3.e Mémoire. — 1845 & 1846.

I.re Série. — *Suite des expériences commencées en 1844.*

Les résultats de mes expériences agronomiques de 1844, laissent indécis divers points essentiels, en vue desquels j'ai dû poursuivre ces expériences en 1845 et en 1846.

Après avoir établi que les engrais azotés, dans des conditions convenables d'assimilation, exercent généralement et presque exclusivement une action énergique sur la végétation, après avoir établi surabondamment que l'énergie de cette action, lorsqu'elle ne dépasse pas certaines proportions, est en rapport avec la quantité d'azote de l'engrais, et que les matières organiques non azotées ne contribuent pas pour une part d'action bien puissante; il devait entrer dans le programme de mes essais de rechercher quelles peuvent être les conséquences, sur la végétation, de l'emploi prolongé d'engrais uniquement azotés, comme aussi celles de l'action exclusive de certaines matières salines minérales, notamment des phosphates de soude et de chaux.

Le champ d'expérimentation qui m'a servi en 1844, ayant été conservé intact, aucune addition d'engrais n'ayant eu lieu en 1845, les poids des récoltes en foin et en regain ont été déterminés avec le plus grand soin, de manière à permettre de juger de l'influence des matières soumises à l'expérimentation en 1844, non seulement par le poids du foin et du regain de la première année, mais encore par celle du foin et du regain de l'année suivante. Enfin, pour compléter le cadre, j'ai fait répandre en 1846, sur les parcelles formant le cadre des expériences commencées en 1844, les mêmes engrais, tant pour le poids que pour la nature, qu'elles avaient reçus primitivement.

Les résultats de cette seconde fumure se trouvent consignés dans les 14, 15 et 16.me colonnes du tableau suivant, qui se termine par le résumé général des expériences de 1844, 1845 et 1846.

ESSAIS D'ENGRAIS SUR UNE PRAIRIE NATURELLE, en 1844, 1845 et 1846.

Numéros d'ordre	NATURE DE L'ENGRAIS EMPLOYÉ. 20 avril 1844.	Quantité par hectare.	Résumé des récoltes en foin et regain obtenues en 1844.	RÉCOLTE OBTENUE en 1845 sans nouvelle addition d'engrais.			EXCÉDANS dûs à l'engrais,		MANQUANS dûs à l'engrais.		RÉSUMÉ de l'année 1845.	RÉSUMÉ des années réunies 1844 et 1845.	Récolte obtenue en 1846 en foin par une nouvelle addition d'engrais égale à la première.	EXCÉDANS dûs à l'engrais.	MANQUANS dûs à l'engrais.	RÉSUMÉ des années 1844, 1845 et 1846.
				en foin.	en regain	totaux	en foin.	en regain	en foin.	en regain						
		kil.		kil.	kil.	kil.	kil.	kil.	kil.	kil.			kil.	kil.	kil.	
1	Aucun engrais.	»	»	2779	1707	4486	»	»	»	»	»	»	3330	»	»	»
2	Eau ammoniacale des usines à gaz saturée par le liquide d'acidification des os, et contenant en sel ammoniac.	333	+ 6086	2913	1377	4290	134	»	»	330	— 196	+ 5890	5120	1796	»	+ 7086
3	Sulfate d'ammoniaque.	250	+ 1744	2490	1680	4170	»	»	289	27	— 316	+ 1428	5193	1863	»	+ 3291
4	Nitrate de soude.	250	+ 1870	2780	1610	4390	1	»	»	97	— 96	+ 1774	5383	2053	»	+ 3827
5	Nitrate de chaux, sec.	250	+ 1577	2637	1783	4420	»	76	142	»	— 66	+ 1511	4023	693	»	+ 2204
6	Chlorure de calcium.	250	+ 10	2287	1823	4110	»	116	492	»	— 376	— 366	3036	»	293	— 659
7	Phosphate de soude, cristallisé.	300	+ 506	2907	1750	4657	128	43	»	»	+ 171	+ 677	3573	243	»	+ 920
8	Os incinérés.	800	— 167	2887	1790	4677	108	83	»	»	+ 191	+ 24	4313	983	»	+ 1007
9	Gélatine d'os.	500	+ 2563	3050	1875	4925	271	166	»	»	+ 437	+ 3000	5196	1866	»	+ 4866
10	Guano du Pérou.	600	+ 2540	2870	1833	4703	91	126	»	»	+ 217	+ 2757	(*)3443	113	»	+ 2870
11	Guano du Pérou.	300	+ 1583	2973	1853	4826	194	146	»	»	+ 340	+ 1923	(*)3876	546	»	+ 2469
12	Tourteaux de lin.	800	+ 600	2907	1753	4660	128	46	»	»	+ 174	+ 774	4010	680	»	+ 1454
13	Huile de colza.	600	— 427	2843	1666	4509	64	»	»	41	+ 23	— 404	»	»	»	»
14	Huile de colza.	300	+ 223	2893	1917	4810	114	210	»	»	+ 324	+ 547	»	»	»	»
15	Fécule.	800	+ 33	2607	1666	4273	»	»	172	41	+ 213	— 180	»	»	»	»
16	Glucose (sirop massé).	800	— 373	2520	1590	4110	»	»	259	117	+ 376	— 749	»	»	»	»

(*) Ces deux numéros n'ont pas reçu de nouvelle addition d'engrais en 1846.

En analysant les résultats consignés sur ce tableau, l'on arrive à constater divers faits très-importants.

L'on remarque d'abord que les parcelles fumées avec des matières salines azotées, le chlorhydrate d'ammoniaque (liquide ammoniacal des usines à gaz, saturé par l'eau acide, résidu de la gélatine d'os), le sulfate d'ammoniaque, les nitrates de soude et de chaux, après avoir donné, en 1844, un grand excédant de récolte, en les comparant aux parcelles de prairies qui n'avaient pas reçu d'engrais, ont donné toutes sans exception une récolte plus faible que les parcelles sans engrais. Il est à remarquer que cette diminution de récolte est plus faible pour les nitrates à bases fixes que pour le sulfate d'ammoniaque.

L'ammoniaque saturé par l'eau de colle ne présente de manquant que sur le regain; son influence avantageuse s'est fait sentir encore sur la récolte de foin, mais il est important de remarquer que la quantité de sel ammoniacal employée était plus grande, et que le résultat observé peut tenir aussi à ce qu'une certaine quantité de phosphate de chaux des os est retenue en dissolution par le sel. Ainsi, l'emploi exclusif des produits azotés a évidemment pour influence de déterminer immédiatement une surexcitation dans la végétation, surexcitation qui peut avoir lieu aux dépens des récoltes suivantes, soit qu'on l'attribue à un épuisement des forces végétatives, soit qu'on l'attribue à un appauvrissement momentané du terrain de toute matière saline assimilable. Disons que pour beaucoup de plantes vivaces l'on peut remarquer que lorsque la végétation a été très-vigoureuse pendant une année, elle est plus languissante l'année suivante. Cet effet doit-il toujours être attribué aux influences de l'engrais, c'est-à-dire au défaut d'équilibre ou de proportionnalité convenable entre l'engrais azoté et l'engrais salin? c'est là une question à laquelle il est encore difficile de répondre bien catégoriquement?

J'ai voulu m'assurer si, en poursuivant l'emploi des engrais azotés seuls, les conditions observées en 1845 se maintenaient; mais, ainsi qu'on peut le remarquer par les résultats obtenus, l'engrais azoté a ranimé, en 1846, la végétation à un degré remarquable et en tout comparable à ce qu'elle était en 1844. Si les chiffres des produits ne sont pas aussi élevés, c'est que l'année 1846 a été extrêmement sèche; qu'à partir de mai, il n'y a pas eu de pluie assez abondante pour pénétrer le sol à une certaine profondeur; que la sécheresse a été telle, après la récolte du foin, que toute végétation a été arrêtée, et qu'il n'y a pas eu de regain, ni sur les parties fumées, ni sur celles restées sans engrais pour servir de point de comparaison. Ainsi, soit que la plante ait repris son état normal de végétation, soit que, par le temps, les matières salines minérales qui font partie du sol aient reçu une désagrégation suffisante pour redevenir solubles, les résultats de 1846 démontrent peremptoirement que si après une excitation due à l'emploi des matières azotées, il se produit quelqu'arrêt dans la végétation, cet arrêt est de courte durée.

Le phosphate de soude et le phosphate de chaux des os ont présenté tous deux un excédant de récolte sur le foin et sur le regain. Ces excédants ont suivi une marche régulière pour le phosphate de soude en 1844, 1845 et 1846. Le phosphate des os seul avait présenté en 1844 un manquant, sans doute par quelque circonstance inaperçue.

La gélatine d'os a continué en 1845 son action fertilisante. Les chiffres élevés que présente cette matière pouvaient être influencés par l'action du peu de phosphate de chaux que retiennent les os acidifiés dont on a fait usage.

En 1846, la gélatine a présenté les résultats des autres matières azotées.

Le guano a encore fourni en 1845 des excédants de récolte, tant pour le foin que pour le regain; toutefois ces excédants ont été en quantité inverse des quantités de guano répandues sur le sol; faut-il attribuer ce résultat à ce que le guano, quoique excellent engrais, ne renferme cependant pas toutes les matières salines nécessaires à la végétation de l'herbe, de telle sorte que l'abondante végétation du N.° 10 avait, en 1844, appauvri le sol au détriment des produits possibles en 1845 ? Je serais plus porté à croire que les plantes ont souffert par une trop grande activité dans la végétation de 1844, que beaucoup de pieds ont été étouffés ou altérés, faute d'air et de lumière.

L'on a continué les observations en 1846, mais contrairement à ce qui s'est passé pour les autres compartiments, l'on n'a pas ajouté de nouvelles quantités d'engrais ; les résultats obtenus se sont présentés comme suit :

	Excédans en foin.
Partie fumée avec 600 kil. guano......	113,33.
Partie fumée avec 300 kil. guano......	546,66.

Le résumé des trois années a été de 2,870,30 k. pour la première partie, et de 2,469,66 k. pour la deuxième partie. Ainsi un excédant de 300 k. de guano n'a donné en trois années qu'un excédant de 400 k. de récolte. L'on peut conclure de ce résultat qu'il y a une grande perte pour le cultivateur à dépasser certaines limites dans la fumure des terres.

Les tourteaux conservent pendant la seconde année de la végétation, une action favorable, mais toujours cette action est faible et nullement en rapport avec les quantités du produit employé, et sa valeur vénale

En 1845 comme en 1844, l'huile de colza n'a pas donné de résultat appréciable ; les petites différences remarquées en comparant les produits des compartiments chargés d'huile, et ceux des compartiments sans engrais, ne sont pas plus considérables que celles remarquées en comparant entre eux les divers compartiments vides intercalés, de distance en distance, pour servir de points de comparaison.

Le chlorure de calcium a toujours donné des résultats négatifs, son influence sur la végétation est décidément pernicieuse : en 1846, année essentiellement sèche, l'action hygrométrique du chlorure de calcium aurait pu justifier un certain degré d'utilité de ce produit ; mais on a pu remarquer sur le tableau des résultats obtenus, que même pendant cette année, le chlorure de calcium a donné lieu à des manquants de récolte.

La fécule, le glucose, n'ont en rien activé la végétation, ni en 1844, ni en 1845 : le glucose paraît même avoir nui, ce qui pourrait être dû à sa transformation facile en produits acides. Les essais avec ces produits n'ont pas été poursuivis en 1846; il m'a paru suffisamment démontré que parmi les matières organiques on ne saurait trouver d'énergie d'action que chez celles contenant de l'azote, encore faut-il que cet azote ne soit pas paralysé dans son action par une masse trop considérable de produits non azotés, donnant des acides par leur décomposition. Il ne faut pas non plus que l'azote soit engagé dans des combinaisons trop stables, comme cela existe pour la houille, dont l'emploi direct ne donne pas lieu à la fertilisation du sol, mais dont la distillation déplace un liquide ammoniacal très-fertilisant. Les mêmes réflexions ne s'appliquent-elles pas à une objection produite contre la nécessité de l'emploi des engrais azotés ; à savoir qu'un hectare de terre à 20 ou 25 centimètres de profondeur contient des quantités d'ammoniaque infiniment supérieures à celles au moyen desquelles on cherche à lui donner des éléments de fertilité. Dans ma pensée il ne suffit pas que la distillation permette de déplacer de l'ammoniaque de la terre, il faut que sans le secours du feu ou d'agents énergiques cet ammoniaque puisse être offert à la plante.

Il y a d'ailleurs à l'objection présentée ci-dessus une réponse dans les faits même. Un hectare de terre peut contenir assez d'azote engagé dans des combinaisons stables pour produire 5,000 et même 10,000 kil. d'ammoniaque et donner cependant des récoltes chétives (1). Si l'on fume cette terre avec 250 kil. d'ammoniaque à l'état d'engrais ordinaire ou de sel ammoniacal pur, la fertilité sera doublée.

L'agriculture est avant tout une science de faits, c'est dans l'expérience qu'elle doit chercher la base de ses lois théoriques.

II.e Série d'expériences.

Influence des substances salines minérales et en particulier du sel marin sur la végétation.

Je crois avoir mis hors de doute que, dans les engrais habituels, l'action principale procède des principes azotés, j'ai fait pressentir dans la première partie de ce mémoire l'enchainement qui existe entre les principes azotés et certains sels de nature minérale, qui forment partie essentielle des plantes, et que l'on rencontre toujours dans les cendres. J'ai déduit de faits bien précis, que la végétation est favorablement influencée par les phosphates. Toutefois les essais faits avec les matières minérales étaient peu nombreux et n'avaient eu lieu que pour avoir des termes de comparaison et dans la vue de faire ressortir la plus grande énergie d'action des principes azotés. En 1845 j'ai cru devoir commencer une autre série d'essais, dans le but de comparer l'action qu'exercent sur la végétation les divers sels inorganiques que l'on rencontre dans les cendres des végétaux, en les faisant intervenir isolément et associés entre eux dans les proportions indiquées par la composition des cendres. Pour

(1) «L'analyse de la marne avait fait constater, par MM. Payen et Boussingault, qu'il y existait des matières azotées. Une marne de Lenguy, recueillie par M. de Gasparin, a donné à l'analyse près de 0,002 d'azote. Une autre variété du département du Bas-Rhin en contient plus de 0,001.» (Boussingault, *Économie rurale.*)

D'après des essais faits dans le laboratoire de M. Liebig, un hectare d'une terre argileuse, à une profondeur de 25 centimètres, contient 10,000 kil. d'ammoniaque pur, et un terrain entièrement sablonneux en contient au-delà de 2,000 kil.

bien faire apprécier la part que prend dans la fertilisation des terres chacun des sels soumis à l'expérience, lorsqu'ils sont engagés dans les engrais habituels, j'ai cru devoir faire tous mes essais en triple. En expérimentant avec la matière saline seule et avec la même matière associée à un sel ammoniacal, enfin pour bien pouvoir tenir compte de l'influence de l'ammoniaque dans ce dernier essai, j'ai expérimenté avec le sel ammoniacal pur. Le tout a été comparé à des surfaces intercalées, restées sans engrais. J'ai cru devoir opérer ainsi, afin de pouvoir apprécier toutes les circonstances où les matières minérales peuvent intervenir dans la pratique de l'agriculture. Il est inutile d'ajouter que de même que pour mes autres essais j'ai expérimenté uniquement sur la production du foin, qui seul se prête convenablement à une succession non interrompue de récoltes de même nature. Mon champ d'expériences consistait en un pré, formé en 1844 par le semis sur un sol argileux, de graines d'herbe dans des féverolles plantées en ligne. Le terrain était en bon état de culture, l'herbe y était serrée, uniforme, mêlée d'un peu de trèfle. Chaque compartiment présentait une surface de trois ares, séparés par des rigoles dirigées du nord au sud; les matières fertilisantes soumises à l'essai ont été répandues le 20 avril pour 1845 et le 16 avril pour 1846, tous les engrais ont été délayés dans 1000 litres d'eau pour chaque compartiment. Les récoltes de foin ont eu lieu du 10 au 15 juin, celles du regain vers la fin de septembre. Le tableau suivant donne les résultats des deux années 1845 et 1846.

Numéros d'ordre.	NATURE DE L'ENGRAIS EMPLOYÉ EN 1845, PAR HECTARE.		RÉCOLTE OBTENUE en foin.	en regain.	Total.	EXCÉDANS dûs à l'engrais, en foin.	en regain.	MANQUANS dûs à l'engrais, en foin.	en regain.	RÉSUMÉ de l'année 1845.	Récolte en foin obtenue en 1846 par une nouvelle addition des mêmes quantités d'engrais.	Excédant de foin dû à l'engrais.	Manquant de foin dû à l'engrais.	RÉSUMÉ des années 1845 et 1846.
			kil.	kil.	kil.	kil.	kil.	kil.	kil.		kil.	kil.	kil.	
1	» Aucun engrais...............	» »	5608	2136	7744	»	»	»	»	»	3519	»	»	»
2	200 Chlorhydrate d'ammoniaque seul.	» »	7665	1723	9388	2057	»	»	413	+ 1644	5576	2057	»	+ 3700
3	200 Chlorhydrate d'ammoniaque et	300 Silicate de potasse.........	7540	1676	9216	1932	»	»	400	+ 1472	5080	3160	»	+ 3632
4	» »	300 Silicate de potasse seul.....	6000	1660	7060	392	»	»	470	— 84	3523	4	»	— 80
5	200 Chlorhydrate d'ammoniaque et	300 Carbonate de soude, crist....	8353	1987	10340	2745	»	»	149	+ 2596	5703	2184	»	+ 4780
6	» »	300 Carbonate de soude, id......	6140	1950	8090	532	»	»	166	+ 346	3336	»	182	+ 164
7	200 Chlorhydrate d'ammoniaque et	150 Phosphate de soude, crist....	8100	2089	10180	2492	»	»	56	+ 2436	5263	1744	»	+ 4180
8	» »	150 Phosphate de soude, id......	6960	2417	9377	1352	281	»	»	+ 1633	3430	»	89	+ 1544
9	200 Chlorhydrate d'ammoniaque et	300 Phosphate de chaux des os....	8107	2107	10214	2490	»	»	20	+ 2470	6026	2507	»	+ 4977
10	» »	300 Phosphate de chaux des os....	7393	1837	9230	1785	»	»	299	+ 1486	3670	150	»	+ 1636
11	200 Chlorhydrate d'ammoniaque et	1000 Cendres de tabac...........	8067	2090	10157	2459	»	»	46	+ 2413	5850	2330	»	+ 4743
12	» »	1000 Cendres de tabac...........	5910	2180	8090	302	44	»	»	+ 346	3666	147	»	+ 491
13	200 Chlorhydrate d'ammoniaque et	4000 Cendres de houille.........	7827	2303	10130	2219	167	»	»	+ 2386	5186	1667	»	+ 4053
14	»	4000 Cendres de houille.........	6273	2350	8623	665	214	»	»	+ 879	2956	»	562	+ 317
15	200 Chlorhydrate d'ammoniaque et	200 Sel marin..............	8350	2777	11127	2742	641	»	»	+ 3383	5823	23 4	»	+ 5087
16	» »	200 Sel marin..............	6333	2570	8903	725	434	»	»	+ 1159	3966	447	»	+ 1606
17	200 Chlorhydrate d'ammoniaque et	500 Platre cuit..............	7557	2117	9674	1949	»	»	19	+ 1930	5053	1534	»	+ 3464
18	» »	500 Platre cuit..............	5370	2237	7607	»	101	238	»	— 137	3103	»	415	— 552
19	200 Chlorhydrate d'ammoniaque et	500 Craie en poudre..........	7030	1033	8063	1422	»	»	203	+ 1219	4000	1440	»	+ 2659
20	» »	500 Craie en poudre..........	5407	2113	7520	»	»	201	23	— 224	3186	»	332	— 556
21	» »	300 Chaux éteinte............	5767	2303	8070	159	167	»	»	+ 326	3350	»	169	+ 157
22	200 Nitrate de soude.......... et	300 Chaux éteinte............	7520	2160	9680	1912	24	»	»	+ 1936	4583	1064	»	+ 3000
23	200 Nitrate de soude............	» »	7260	2283	9543	1652	147	»	»	+ 1799	4523	1004	»	+ 2803
24	800 Tourteaux de lin............	» »	6443	2490	8933	835	354	»	»	+ 1189	4176	657	»	+ 1846
25	800 Huile de colza..............	» »	5483	2340	7823	»	204	125	»	+ 79	»	»	»	»
26	800 Goudron de gaz............	» »	5507	2243	7750	»	107	101	»	+ 6	»	»	»	»

Avant de faire l'analyse des résultats consignés sur ce tableau, il importe de signaler particulièrement un fait qui a exercé sur ces résultats une immense influence; c'est que l'année 1845 a été extrêmement pluvieuse, tandis que l'année 1846 a été extrêmement sèche. La sécheresse a été telle en 1846, surtout après la la récolte du foin, qu'il n'a pu être récolté de regain sur aucun des compartiments soumis à l'expérience. L'action de tout engrais a été paralysée, même celle des produits azotés les plus actifs. Ces circonstances, qui nous écartent des conditions habituelles dans lesquelles la végétation s'accomplit, me paraissent s'être rencontrées dans mes essais d'une manière fort heureuse pour permettre d'apprécier exactement l'influence que les matières salines minérales exercent sur la fertilisation des terres, elles ont permis, non seulement de comparer l'action des engrais salins avec celle des engrais azotés, et l'action des engrais salins entre eux, mais encore d'apprécier l'influence de l'humidité et de la sécheresse sur chaque nature d'engrais, qu'il soit pris isolément ou dans un état complexe de composition.

Voici maintenant les observations auxquelles conduit un examen attentif du tableau qui précède.

Pendant les deux années le chlorhydrate d'ammoniaque, employé seul, a constamment augmenté la récolte. En 1845, cette augmentation a été pour la récolte du foin et comparativement aux parties non fumées, dans le rapport de 136 à 100, et il est à remarquer que de même que dans les essais dont les résultats sont consignés dans la première partie de ce travail, l'augmentation a porté sur le foin seul, et que le regain s'est trouvé diminué de 20 pour 100.

En 1846, le chlorhydrate d'ammoniaque a augmenté la récolte de foin dans le rapport de 158 à 100. Aucune appréciation n'a pu être faite pour le regain; nous en avons déjà donné les motifs.

L'association du chlorhydrate d'ammoniaque au carbonate de soude, au phosphate de soude, au phosphate de chaux, aux cendres de tabac et aux cendres de houille, dans les proportions employées, a fourni en 1845, pour tous les essais, une augmentation plus ou moins grande dans l'ensemble des récoltes. Mais toutes ces matières salines, associées au chlorhydrate d'ammoniaque, à l'exception des cendres de tabac et des cendres de houille dont l'action est plus lente, à l'exception surtout du phosphate de soude, présentent un manquant de récolte sur le regain, manquant qui cependant est faible et de beaucoup inférieur à celui des compartiments n'ayant reçu que du chlorhydrate d'ammoniaque seul.

Le silicate de potasse soluble n'a présenté, ni en 1845 ni en 1846, de résultat favorable, soit que son emploi ait eu lieu isolément, soit en l'associant au sel ammoniacal. Ce résultat ne peut être attribué à l'alcalinité du verre soluble et à sa transformation à l'air en silice et carbonate de potasse, car le carbonate de soude a donné, en 1845, un excédant de récolte, il est vrai, très peu significatif.

En 1845, le phosphate de soude et le phosphate de chaux employés seuls ou associés au sel ammoniac, ont exercé sur la végétation de l'herbe une action utile, même très-remarquable. En 1846, sous l'influence de la sécheresse, l'action a été nulle. Le phosphate de soude a même donné un faible manquant.

Pendant cette même année, diverses autres matières salines minérales, au lieu d'augmenter la récolte, l'ont fait sensiblement diminuer; c'est ce qui est arrivé pour le carbonate de soude, la chaux éteinte, le plâtre cuit et la craie. Il est vrai que l'emploi des deux derniers produits n'avait déjà donné que des résultats négatifs en 1845.

Des différences considérables ont surtout été remarquées dans l'action des cendres de houille et des cendres de tabac en 1845 et en 1846.

La première année, sous l'influence d'une humidité presque constante, ces matières ont développé une riche végétation, et cette action favorable s'est maintenue jusqu'à la récolte du regain. En 1846, c'est-à-dire, par du temps sec, les parties fumées avec des cendres de tabac n'ont pas été plus fertiles que celles qui n'avaient pas reçu d'engrais, et une réduction notable de récolte a été occasionnée par les cendres de houille.

Le sel marin associé au chlorhydrate d'ammoniaque, a produit, en 1845, un excédant de récolte en foin généralement plus grand que les matières salines précédentes, mais surtout il a présenté un excédant remarquable en regain; son action a été plus prolongée. Ce sel, employé seul, a encore donné des résultats très-significatifs, bien que la quantité répandue sur la terre n'ait été que de 200 kilog. par hectare.

En 1846, sous l'influence de la sécheresse, le sel marin, de même que toutes les autres matières salines minérales soumises à l'expérience, n'a plus produit qu'un résultat insignifiant. Sur une récolte de 5,823 kilog. de foin, le regain ayant totalement manqué, le sel marin n'est intervenu en moyenne que pour 347 kilog., soit que ce sel ait été associé au sel ammoniac, ou qu'il ait servi seul d'engrais, tandis qu'en 1845, la même quantité de sel marin a augmenté la récolte de foin de 725 kilog., et la récolte totale de l'année de 1,159 kilog.

Le tableau suivant complète les résultats de mes essais sur la mesure de l'action du sel marin.

ESSAIS D'ENGRAIS sur une prairie naturelle en 1846.

Numéros d'ordre.	NATURE DES ENGRAIS répandus le 20 avril 1846, par hectare.		Foin récolté le 8 juin 1846.	Excédants dus aux engrais.
		kil.	kil.	kil.
1	Aucun engrais	»	3323	» »
2	Sulfate d'ammoniaque	200	5856	2533
3	Sulfate d'ammoniaque	200	6496	3173
	Sel marin	133		
4	Sel marin	133	3706	383

Dans toutes les expériences dont les résultats viennent d'être analysés, on a pu remarquer que les chiffres le plus élevés des récoltes se rapportent exclusivement à des parties fumées par les sels ammoniacaux ou les nitrates, soit seuls, soit associés à diverses matières salines : Il est surtout à remarquer que l'influence des produits azotés se constate facilement à l'œil par une coloration en un vert sombre qu'ils impriment à l'herbe, ce qui n'a lieu pour aucun engrais non azoté. Dans la plupart des cas, les matières salines minérales ont augmenté l'effet salutaire du composé azoté, et le point le plus saillant, c'est que ce dernier effet ne s'est produit que sous l'influence d'une grande humidité. La sécheresse paraît très contraire à l'efficacité de l'action des matières salines, et cela explique les résultats contradictoires qui ont été obtenus par le sel marin et qui, dans ces derniers temps, ont donné lieu à tant de controverses. Je pense que mes expériences conduisent bien nettement à conclure que le sel marin peut être d'une grande utilité pour activer la fertilité des terrains humides, et qu'il est inutile et peut même nuire à la végétation dans des terrains secs et élevés : dans tel pays l'agriculture tirera donc un excellent parti du sel marin, alors que dans tel autre elle n'y trouvera aucun auxiliaire utile.

Encore importe-t-il de ne pas outrepasser certaines proportions, car il est parfaitement reconnu que les terrains qui bordent la mer sont rendus infertiles par le sel marin qui y est transporté par le vent qui soulève des gouttelettes d'eau de mer.

L'agriculture tirera une utilité plus générale du sel marin pour l'alimentation des bestiaux, et comme par cet emploi du sel marin, les engrais d'étable contiendront déjà des quantités notables de sel marin, l'on devra être d'autant plus sobre dans l'emploi du sel à répandre directement sur les terres.

La conclusion générale de mes observations tend donc toujours à attribuer aux principes azotés la part principale de l'action des engrais. Elle assigne sa part d'influence aux principes salins, et cette influence sera d'autant plus efficace que l'on présentera aux végétaux ces matières salines dans des conditions de solubilité convenables, pour que leur absorption par les plantes puisse avoir lieu graduellement et éviter toute perte par les pluies abondantes.

Mes résultats sont trop tranchés pour qu'il soit possible d'admettre encore que le fumier n'agit que par les parties salines qu'il contient; une conséquence de cette proposition serait que la cendre du fumier agirait comme le fumier lui même. * Certes

(1) « Si l'on fume 30 mètres carrés d'un terrain marneux improductif sans engrais avec du fumier de ferme, on le fertilise ; et si à côté, sur une même surface, on répand les cendres provenant d'une quantité de fumier précisément égale à celle qui a été mise en nature, on ne constate pas une amélioration sensible. »

(Boussingault, *Correspondance particulière.*)

aucun cultivateur ne se rendra à cette opinion, et cependant il faudra reconnaître que pour certaines plantes les engrais salins de nature inorganique jouent un plus grand rôle que pour la généralité des plantes. Ainsi l'on comprendra que pour la vigne, dont le fruit contient une si grande quantité de tartrate de potasse, il convient que le fumier ou le sol lui-même apporte l'alcali nécessaire pour constituer ce tartrate.

L'on comprendra aussi que pour les céréales les phosphates ont une plus grande utilité que pour les matières herbacées, qui se développent essentiellement sous l'influence presqu'exclusive des engrais azotés. J'ai obtenu de l'emploi exclusif de ces derniers engrais des résultats fort remarquables dans la culture des colzas et surtout dans celle des tabacs, dont les feuilles ont pris souvent un développement prodigieux, jusqu'à présenter une longueur de 90 centimètres.

Afin de mettre plus en évidence que pour obtenir une bonne végétation, il convient d'associer aux principes salins des cendres un principe azoté, j'ai fait les trois expériences suivantes.

Un hectare de prairies a été fumé par diverses substances salines associées en proportions convenables pour représenter assez exactement la composition des cendres de foin.

Un autre hectare a été fumé par les mêmes sels, mais en remplaçant le carbonate de soude du premier par son équivalent de nitrate de soude ; enfin un hectare a reçu seulement la quantité de nitrade de soude de l'essai précédent ; les récoltes, comparées à celle d'un hectare de pré resté sans fumure, ont présenté les résultats consignés sur le tableau suivant

Numeros d'ordre.	NATURE DES ENGRAIS répandus le 20 avril 1846, pour un hectare.	kilog.	Foin récolté le 8 juin 1846.	Excédants dûs aux engrais.	Manquants dûs aux engrais.
1	Aucun engrais	»	3323	»	»
2	Sel marin	67	2890	»	433
	Carbonate de soude sec	125			
	Sulfate de soude	83			
	Silicate de potasse	350			
	Chaux vive	300			
	Phosphate de chaux des os	180			
3	Sel marin	67	4660	1336	»
	Nitrate de soude	200			
	Sulfate de soude	83			
	Silicate de potasse	350			
	Chaux vive	300			
	Phosphate de chaux des os	180			
4	Nitrate de soude	200	4726	1403	»

Ainsi les sels confiés à la terre, au lieu d'augmenter la récolte, l'ont diminuée, et l'acide nitrique du nitrate de soude a manifesté son influence de la manière la plus marquée. Je me hâte d'ajouter que les essais en question ont eu lieu en 1846, par conséquent pendant une année fort sèche, et que ces matières n'étaient pas dans des conditions de solubilité convenables pour produire un effet continu et régulier.

En constatant les résultats si différents des matières qui entrent dans la composition des engrais, en reconnaissant l'influence si puissante qu'exercent sur ces résultats les différents degrés d'humidité, l'on comprendra que pour ne pas me jeter dans un dédale inextricable, j'ai dû me borner à expérimenter l'effet des engrais sur une seule culture, sur un même sol, que j'ai dû expérimenter séparément avec chaque substance saline isolée, puis avec diverses matières associées ensemble. Si mes résultats ne conduisent pas à des conclusions générales sur l'influence des engrais sur toutes les cultures, je crois du moins avoir donné à l'agriculture quelques faits précis, et avoir tracé un cadre qui pourra un jour conduire à faire sortir la question des engrais d'une situation où les opinions les plus contraires trouvent encore parmi les savants les plus illustres, des défenseurs également convaincus.

RELATION

ENTRE

LA NITRIFICATION ET LA FERTILISATION DES TERRES.

FORMATIONS NOUVELLES D'ACIDE NITRIQUE ET D'AMMONIAQUE.

30 *Novembre* 1846.

Dans les divers mémoires que j'ai publiés sur les résultats de l'emploi isolé ou simultané des produits azotés et des matières salines minérales dans la fertilisation des terres, j'ai présenté avec une grande réserve, peut-être même avec timidité, des déductions en forme de conclusions. Cette réserve était commandée non seulement par la gravité et la difficulté des questions soulevées, mais encore par l'autorité d'opinions émises par les hommes les plus éminents de la science. Il faut dire cependant que ce qui m'a quelquefois encouragé dans l'expression de ma pensée personnelle, c'est que des opinions extrêmes ont été énoncées ; c'est que dans toutes les directions, des idées même absolues ont été émises, et que d'ailleurs, dans la voie expérimentale où je m'étais placé, l'autorité du fait était à côté de ma conclusion, toujours prête à la contrôler.

Peut-être, en cherchant aujourd'hui à entrer dans quelques considérations générales et à étendre mes déductions, rencontrerai-je plus d'écueils, et cependant je ne m'arrêterai pas à ce danger tout personnel, dans l'espoir de faire faire un pas à l'une des principales branches de la physiologie végétale et de jeter quelque lumière utile sur nos pratiques agricoles.

Une première question m'a préoccupé :

Dans quel état l'azote des engrais est-il assimilé par les plantes?

Pour que l'azote puisse être assimilé, il faut qu'il soit présenté aux plantes dans des conditions convenables de solubilité et d'alcalinité. Toute végétation est languissante par la sécheresse, nonobstant la présence de l'engrais; toute végétation est languissante sous l'influence d'un terrain acide, fût-il chargé de principes azotés solubles.

Je pense que lorsqu'il y a fertilisation des terres par des matières organiques azotées neutres, telles que la gélatine, l'albumine, la fibrine, etc., l'action fertilisante de ces matières commence dès que, par leur décomposition, il y a développement de carbonate d'ammoniaque. J'ai appliqué le même raisonnement aux nitrates; j'ai admis que l'acide nitrique, pour agir efficacement, devait, par l'action désoxygénante de la fermentation putride, être amené à l'état d'ammoniaque. Le but principal de ce travail a été d'arriver à la démonstration de cette dernière proposition.

Mes expériences agronomiques ayant prouvé d'une manière irrécusable que les nitrates agissent sur la végétation de la même manière que les sels ammoniacaux, il m'importe d'établir que cette similitude d'action était presque commandée par les circonstances dans lesquelles l'action des nitrates se présente lorsque ces sels sont employés comme engrais.

L'on sait qu'un grand nombre de plantes, telles que la bourrache, le cochlearia, l'héliotrope, le tabac, etc., renferment dans leur sève des quantités considérables de salpêtre qu'on ne rencontre jamais dans d'autres espèces végétales venues sur le même terrain et dans le voisinage des premières. (1)

La présence constante et permanente du nitre dans ces plantes a pu faire penser que l'azote de l'acide nitrique n'était pas employé par l'organisation végétale pour la formation des principes azotés.

Je ne saurais partager d'une manière absolue cette opinion, je crois que les principes composants de la sève subissent dans l'organisation végétale des modifications tout aussi profondes que celle de la décomposition de l'acide nitrique.

Dans tous les cas, il faut admettre que les nitrates sont particulièrement utiles aux plantes citées plus haut, précisément parce qu'ils se rencontrent toujours dans leur sève; on devra l'admettre au même titre qu'on admet l'opinion que les phosphates sont utiles aux céréales, la potasse aux vignes, etc.

Toutefois, l'analyse de la sève des plantes ayant fait connaître qu'il y existe généralement des sels ammoniacaux, je suis conduit à conclure, par les motifs invoqués plus haut, que lorsque les nitrates interviennent dans la fertilisation des terres, l'acide nitrique, avant d'être absorbé par la plante, est transformé le plus souvent en ammoniaque dans le sol même. Il suffit donc, dans ma pensée, pour justifier la haute utilité des nitrates pour la généralité des cultures, que ces sels soient placés sous l'influence désoxidante de la fermentation putride. Si je parviens à démontrer que cette transformation a lieu, j'ai l'espoir que l'illustre chimiste de Giessen reconnaîtra avec moi que les nitrates exercent par eux-mêmes ou par l'ammoniaque que donne leur propre décomposition, une influence salutaire sur la végétation.

Dans un travail sur la nitrification que j'ai eu l'honneur de présenter à l'Académie en 1838, j'ai fait connaître avec quelle

---

(1) Liebig, *Chimie appliquée à l'Agriculture*, p. 326.

facilité, par le secours de l'éponge de platine, l'acide nitrique pouvait être transformé en ammoniaque au contact de l'hydrogène ou des corps désoxygénants. Mes essais s'étaient bornés alors à faire réagir les corps les uns sur les autres à l'état de gaz ou de vapeur.

Des réactions analogues peuvent avoir lieu en faisant réagir les mêmes corps à l'état liquide ou de gaz naissants. Quelques faits viennent déjà à l'appui de l'opinion que lorsque l'azote de l'acide nitrique est en contact avec de l'hydrogène naissant, cet azote se convertit en ammoniaque.

L'on connaissait la production de l'ammoniaque par l'action de l'acide nitrique faible sur l'étain, lorsque, dans un travail publié en 1838 (1), j'ai démontré que cette production d'ammoniaque n'était pas un fait isolé, mais qu'elle était le résultat de l'action de l'acide nitrique faible sur tous les métaux susceptibles de décomposer l'eau.

Je signalerai encore comme source de production d'ammoniaque, aux dépens de l'azote des composés nitreux, l'action de l'acide nitreux sur le sulfate de protoxide de fer, enfin la formation d'un sulfate basique de fer et d'ammoniaque obtenu par M. Berzélius.

Les expériences suivantes ont eu pour but de compléter mes recherches de 1838, en rapportant à une loi générale des réactions qui n'avaient été constatées jusqu'alors que dans des circonstances exceptionnelles. C'est aussi dans les résultats de ces nouveaux essais que j'ai cherché un appui à mon opinion sur le rôle que jouent les nitrates dans la fertilisation des terres.

TRANSFORMATIONS DE L'ACIDE NITRIQUE EN AMMONIAQUE.

a — Si l'on jette quelques fragments de salpêtre dans de l'acide sulfurique étendu de 5 à 6 parties d'eau en contact avec

(1) *Annales de Chimie et de Physique*, t. 67, p. 109.

du zinc, au moment où il se dégage de l'hydrogène, l'on ralentit ou l'on arrête même tout dégagement de gaz jusqu'à ce que l'acide du nitrate soit transformé en ammoniaque. Si l'acide sulfurique est plus concentré, l'action est plus vive ; il y a une grande élévation de température ; de l'ammoniaque se forme en grande quantité, mais une partie de l'azote de l'acide nitrique se dégage à l'état de deutoxide d'azote. Tous les nitrates présentent les mêmes résultats ; dans tous les cas, l'on trouve dans le liquide où la réaction s'est opérée une grande quantité de sulfate d'ammoniaque.

Les mêmes réactions ont lieu d'une manière beaucoup plus prompte et énergique lorsqu'au lieu d'acide sulfurique l'on emploie de l'acide chlorhydrique faible ; l'on peut également remplacer le zinc par le fer ou tout autre métal susceptible de décomposer l'eau à la température ordinaire, sous l'influence d'un acide.

b — Lorsqu'on met des nitrates en contact avec de l'acide sulfurique étendu d'eau et du sulfure de fer, l'acide nitrique du nitrate est transformé en ammoniaque, avec dépôt de soufre avant qu'il ne se dégage de l'acide sulfhydrique.

c — Lorsqu'en place d'acide sulfurique faible et de sulfure de fer l'on prend de l'acide chlorhydrique et du sulfure d'antimoine, la même réaction a lieu.

Dans toutes ces réactions, pour un équivalent d'acide nitrique décomposé, il se forme un équivalent d'ammoniaque et cinq équivalents d'eau. Huit équivalents d'hydrogène sont donc absorbés au profit de combinaisons nouvelles. Il est à remarquer que l'action de la désoxygénation n'a lieu qu'autant que l'acide nitrique du nitrate est en contact immédiat avec les corps qui donnent naissance au dégagement d'hydrogène.

d — Lorsqu'en présence d'un mélange de zinc et d'acide chlorhydrique l'on place un nitrate dont le métal est précipitable par le zinc, celui de cuivre par exemple, le zinc est dissous avec une extrême rapidité, la précipitation du métal désoxidé a lieu, et tout l'acide nitrique est transformé en ammoniaque sans aucun dégagement d'hydrogène.

Réaction : $9\,ClH + 8\,Zn + NO_5\,CuO =$
$8\,ClZn + ClH,\,NH_3 + Cu + 6\,HO.$

e. — Lorsqu'on ajoute du nitrate de potasse à une dissolution de sulfure d'arsenic dans de la potasse caustique, après quelques jours de contact à une douce température, une partie de l'acide nitrique du nitrate se trouve transformée en ammoniaque.

f. — Lorsqu'on dissout du nitrate de potasse dans une dissolution de sulfure de potassium et qu'on ajoute peu à peu un excès d'acide sulfurique, après quelque temps de contact, la potasse caustique ajoutée au liquide déplace de l'ammoniaque.

g. — Lorsqu'on conserve pendant plusieurs jours à une douce température du protoxide de fer hydraté ou du protoxide d'étain hydraté en contact avec une dissolution faible de nitrate de potasse, il se forme également une quantité notable d'ammoniaque aux dépens de l'azote de l'acide nitrique.

h. — En faisant passer un courant de gaz sulfhydrique à travers une dissolution de chlorure d'antimoine mêlée de nitrate de potasse, il y a formation d'ammoniaque.

Toutes ces réactions démontrent surabondamment avec quelle facilité et quelle promptitude l'acide nitrique des nitrates est transformé en ammoniaque sous l'influence de l'hydrogène naissant, ou de certains corps avides d'oxygène. Si l'on appelle le temps au secours des réactions, de nombreux résultats viendront encore s'ajouter à ceux qui précèdent.

Je ne pense pas qu'après l'énonciation de ces faits il puisse rester de doute dans les esprits relativement à la décomposition que subissent les nitrates dans le sol sous l'influence désoxygénante de la fermentation putride

L'on sait d'ailleurs que la fermentation putride, considérée comme agent de désoxidation, peut vaincre les affinités les plus énergiques.

Une action qui transforme dans les eaux stagnantes le sulfate de chaux en sulfure de calcium, qui décompose le peroxide de fer des argiles, peut certes suffire pour détruire un acide de si peu de stabilité que l'acide nitrique.

Dans la fermentation putride, l'hydrogène intervient sans doute souvent comme agent de désoxidation à l'état de combinaison avec le soufre. L'action de cet agent est d'autant plus puissante qu'elle est continue, en raison de sa solubilité dans l'eau et que, combiné avec des bases, l'acide carbonique de l'air suffit pour le déplacer.

Si mes opinions sont admises sur ce point, si l'agent fertilisant doit se présenter à la plante principalement, sinon exclusivement, à l'état de carbonate d'ammoniaque, de graves inconvénients naissent pour l'agriculture de l'état volatil de ce sel, inconvénients contre lesquels on se garantirait difficilement d'une manière absolue. Sans doute, pour la conservation des engrais, il convient d'éviter l'accumulation du carbonate d'ammoniaque, et par conséquent sa volatilisation au moyen d'acides et de diverses substances salines, pour transformer ce carbonate en chlorhydrate ou en sulfate; mais en dernière analyse, la végétation devant avoir lieu sous l'influence d'une réaction alcaline, et des carbonates calcaires ou magnésiens se trouvant habituellement dans le sol, les sels ammoniacaux sont toujours, lorsqu'ils sont confiés à la terre, ramenés à l'état de carbonate volatil. Cela étant, la préoccupation des cultivateurs devra être de ne pas accumuler l'engrais en trop grande quantité à la fois, ou de faire entrer dans l'engrais la matière azotée dans des conditions d'une décomposition lente, tout en donnant à la terre la porosité nécessaire pour retenir le principe volatil avec le plus de facilité. On justifie de cette manière l'efficacité des matières charbonneuses et du terreau, qui évitent la déperdition trop rapide des principes ammoniacaux. Ainsi, ameublement de la terre par des labours profonds et par des additions, de sable, de cendre de houille, de marne, de tourbe mêlée de chaux, etc., pour les terrains argileux. Pour les terrains sablonneux trop facilement pénétrables par la chaleur et donnant lieu à une déperdition trop rapide de l'eau, et avec elle des principes ammoniacaux volatils, il pourra devenir utile de faire une addition de terres plastiques.

De ce qui précède, il résulte évidemment que l'air devient le réceptacle d'une grande partie des principes fertilisants que le cultivateur confie au sol; principes qui, à la vérité, font retour au sol par la pluie, mais qui échappent à l'intérêt personnel du cultivateur qui les a recueillis à grand prix, pour se répartir sur une grande généralité d'intérêts, non dans une circonscription cantonnale, mais, eu égard à la grande mobilité de l'air, sur la généralité du globe, la mer réclamant une large part.

Quelle est l'influence de la nitrification sur la fertilisation des terres?

Une grave objection peut être faite contre l'opinion qui fait dépendre toute végétation vigoureuse de l'emploi des engrais azotés : c'est que dans certaines contrées douées d'une très-grande fertilité, le sol ne réclame pas, ou presque pas, d'engrais, et donne une succession continue de riches récoltes.

Voici les réflexions que cette opinion m'a suggérées :

L'atmosphère, qui est le réceptacle général de toutes les émanations ammoniacales, doit amener dans tous les pays des conditions de fertilisation. Se peut-il que ces conditions soient suffisantes pour certains pays et insuffisantes pour d'autres?

M le comte de Gasparin, dans son excellent *Cours d'Agriculture*, dit que l'air des régions chaudes, où l'évaporation des grandes pluies se fait sur une vaste échelle, doit renfermer de l'ammoniaque en plus grande quantité. C'est peut-être, ajoute-t-il, à cette circonstance qu'est due la fertilité des terres méridionales et l'usage toujours moins fréquent du fumier à mesure qu'on avance vers le midi.

Je pense qu'à cette cause il s'en joint une autre bien importante.

En même temps que j'ai cru devoir admettre que généralement les matières animales et même les nitrates n'agissent comme engrais qu'après avoir subi dans le sol une décomposition qui donne du carbonate d'ammoniaque, j'ai une profonde conviction que la fertilité du sol dépend aussi d'une réaction inverse à celle qui transforme les nitrates en sels ammoniacaux ; je veux dire de la transformation de ces mêmes sels ammoniacaux en nitrates, transformation qui a lieu dans les parties superficielles des terrains d'une composition chimique et dans des conditions d'humidité et de température convenables.

Il y a donc dans mon opinion à envisager deux actions distinctes; l'une superficielle, qui, sous l'influence de l'oxygène de l'air, tend à fixer l'élément fertilisant par la nitrification; l'autre résulte de la réaction que subit ce même sel à une certaine profondeur dans le sol par la puissance de désoxygénation de la fermentation putride.

S'il a été démontré par Cavendisch que l'oxigène de l'air peut directement se combiner avec l'azote, s'il est vrai que dans les contrées tropicales la formation directe de l'acide nitrique peut être expliquée par le nombre et la violence des détonations électriques, je n'en suis pas moins convaincu que la plus grande partie de l'acide nitrique produit dans ces contrées est le résultat de l'oxidation de l'ammoniaque.

J'ai suffisamment démontré en 1838, à l'occasion de mes essais sur les propriétés de l'éponge de platine, que c'est dans l'oxidation de l'ammoniaque provenant de la décomposition des substances organiques azotées contenues dans le sol et de celui ramené vers le sol par les pluies, que réside l'explication la plus simple et la plus concluante de la formation naturelle de l'acide nitrique.

Cette théorie de la nitrification a été bientôt généralement admise par les chimistes, et si la transformation de l'ammoniaque en acide nitrique avait besoin d'une nouvelle démonstration, nous trouverions dans les expériences suivantes des éléments de conviction pour les plus incrédules.

Ainsi que dans mes récentes transformations de l'acide nitrique en ammoniaque, je n'ai plus eu recours à l'action réciproque des gaz ou des vapeurs, mais je me suis rapproché des conditions dans lesquelles les transformations se produisent dans la nature. J'ai cherché à déterminer l'oxidation des éléments de l'ammoniaque par l'oxigène naissant.

TRANSFORMATIONS DE L'AMMONIAQUE EN ACIDE NITRIQUE.

A — Lorsqu'on chauffe dans une cornue un mélange de bichromate de potasse, d'acide sulfurique concentré et de sulfate d'ammoniaque, l'ammoniaque du sulfate d'ammoniaque se trouve transformé en acide nitrique qui distille. Il ne se dégage beaucoup d'oxigène qu'autant qu'il n'y a pas assez de sulfate d'ammoniaque en présence. Réaction :

$$8\,(2\,CrO_3,\,KO) + 3\,(SO_3\,NH_3\,HO) + 32\,(SO_3\,HO)$$
$$= 8\,(3\,SO_3,\,Cr_2\,O_3) + 8\,(SO_3\,KO) + 3\,NO_5\,HO + 41\,HO.$$

B — Lorsqu'on chauffe un mélange de bioxide de manganèse, d'acide sulfurique faible et de sulfate d'ammoniaque, il distille de l'acide nitrique, et de même que dans l'expérience précédente, il ne se dégage pas sensiblement d'oxygène tant qu'il reste de l'ammoniaque à transformer. Réaction :

$$8\,MnO_2 + SO_3\,NH_3\,HO + 7\,SO_3\,HO$$
$$= 8\,SO_3\,MnO + NO_5\,HO + 10\,HO.$$

C — Lorsqu'on chauffe un mélange de nitrate ou de chlorate de potasse avec du sulfate d'ammoniaque, l'ammoniaque est entièrement transformé en gaz nitreux.

D — Si l'on fait agir à chaud l'acide sulfurique concentré sur un mélange d'oxide puce de plomb ou du minium et de sulfate d'ammoniaque, il se dégage de l'acide nitrique, et il se forme du sulfate de protoxide de plomb.

E — Lorsque l'on fait réagir l'acide sulfurique sur le bioxide de baryum mélangé de sulfate d'ammoniaque, il se dégage de l'oxigène et des vapeurs d'acide nitrique. Cette production d'acide nitrique présente toutefois peu de netteté dans cette circonstance, à cause de la grande difficulté que l'on éprouve à chasser tout l'acide nitrique de la baryte. Si l'on chauffe la baryte à une température très-élevée, dans le but de déplacer tous les éléments nitreux, elle se contracte au point que, dans la préparation du bioxide, l'oxigène n'est plus absorbé.

J'ai aussi essayé de purger la baryte de l'acide nitrique en la soumettant à chaud à l'influence d'un courant d'hydrogène sec, mais cette réaction donne lieu à la formation d'hydrate de baryte qui ne se transforme plus en bioxide.

L'eau oxigénée ne donnerait pas des résultats plus rassurants, car dans le procédé de préparation [illegible] ce corps, il doit rester chargé de l'acide nitrique retenu p[illegible] la baryte.

F. Dans mes expériences sur la nitrification publiées en 1338, j'ai dit qu'en faisant passer un courant d'air mêlé de gaz ammoniaque dans un tube de porcelaine chauffé au rouge on obtient un peu d'acide hyponitrique et du deutoxide d'azote. Ainsi l'oxidation de l'ammoniaque peut être obtenue par la seule influence de la chaleur et à la faveur de l'oxigène de l'air. A bien plus forte raison au contact des corps qui cèdent facilement leur oxigène, tels que certains peroxides. Cependant, comme on le voit, l'oxide qui se prête le mieux à fournir une partie de son oxigène dans ces circonstances, le peroxide de manganèse, ne donne lieu à la formation de l'acide nitrique qu'autant que l'azote est déjà combiné avec un autre corps.

J'ai trouvé en étudiant le jeu de ces réactions que dans le peroxide de manganèse on peut trouver un agent précieux pour transporter l'oxigène de l'air sur l'ammoniaque. En effet, après une première réaction produite avec le peroxide $Mn\ O_2$, laquelle donne, par la conversion de l'ammoniaque en acide nitrique, du protoxide $Mn\ O$, si l'on fait passer de l'air dans le tube où la réaction a eu lieu, le protoxide obtenu passe avec une grande rapidité à l'état de deutoxide $Mn_3\ O_4$, lequel peut encore réagir sur l'ammoniaque pour produire de l'acide nitrique. Le même oxide de manganèse peut ainsi servir indéfiniment comme auxiliaire dans le transport de l'oxigène de l'air sur l'ammoniaque.

Les expériences dont il vient d'être question viennent donc compléter ce que mes expériences de 1838 pouvaient présenter d'incomplet au point de vue de la théorie de la nitrification. Il faut le dire toutefois, l'oxidation de l'ammoniaque n'est déjà plus un doute dans l'esprit de la plupart des chimistes; de nombreux exemples de combustions lentes avaient préparé les esprits à admettre ce mode de formation de l'acide nitrique : la transformation du bois en terreau, de l'alcool en vinaigre, les expériences de M. Chevreul sur l'acide gallique et l'hématine, celles de M. Doebereiner sur l'acide pyrogallique, concernent des phénomènes de combustions lentes. Suivant M. Collard de Martigny l'ammoniaque en contact avec l'air et la chaux hydratée se convertit directement en acide nitrique. Ces résultats ont-ils lieu d'étonner, lorsque M. Théodore de Saussure a démontré par des expériences fort intéressantes que certains corps tels que l'humus, le terreau, le blé, le coton, la soie, le ligneux, font disparaître un mélange d'oxygène et d'hydrogène dans les proportions de l'eau (1) ?

---

(1) *Répertoire de Chimie*, t. IV, p. 108.

Et tout récemment l'illustre doyen de la Faculté des Sciences n'a t-il pas appelé l'attention des chimistes sur une remarquable transformation de l'acide sulfhydrique en acide sulfurique par l'influence de la porosité des tissus de lin ou de coton (1).

Voyons si ces données ne nous conduisent pas à expliquer les différences de la fertilité de la terre d'un pays à un autre.

Si la nitrification superficielle du sol est une condition qui tend à fixer les principes azotés au profit de la végétation, il est évident que là où les conditions de la nitrification sont le plus favorables, les conditions de la fertilité de la terre sont augmentées, et même qu'elles peuvent être augmentées à tel point que, toute perte d'azote par volatilisation étant évitée, tout l'ammoniaque que fournit l'atmosphère peut être mis à profit par la végétation. Or chacun sait avec quelle lenteur la nitrification s'opère dans les contrées septentrionales ; chacun sait avec quelle rapidité le nitre se reproduit dans certaines contrées méridionales. Toutefois il ne faut pas attribuer exclusivement à des conditions de température ces phénomènes de nitrification; cela généraliserait trop les conditions de la fertilité au profit des régions les plus chaudes. Il faut, pour que la nitrification s'opère, qu'il y ait des conditions intermittentes d'humidité et l'existence de certaines substances minérales qui fournissent des bases fixes susceptibles de se combiner avec l'acide nitrique et qui s'approprient cet acide au fur et à mesure que l'ammoniaque passe à l'état de nitrate d'ammoniaque jusqu'à entière conversion.

Ces circonstances se trouvent sans doute réunies à un haut degré dans les nitrières de Ceylan, dans celles de la Perse, de l'Inde et de la Chine, et dans une partie des provinces méridionales de l'Espagne. Ce sont des conditions que présentent sans doute encore les bancs de craie de la Touraine, de la Saintonge, de la Roche-Guyon (Oise). C'est sans doute à des conditions ana-

---

(1) *Comptes-rendus des séances de l'Académie des Sciences*. 26 octobre 1846.

logues qu'il faut rapporter la formation des couches de nitrate de soude du Pérou.

Certains terrains présentent exclusivement les conditions de la nitrification et non celles qui conviennent à la végétation, et c'est là que se produisent les nitrières naturelles; mais lorsque, dans les mêmes régions si favorables à la nitrification, il y a la porosité du sol, l'absence de trop grandes quantités de sels minéraux, l'humidité et surtout les conditions de décomposition des nitrates pour les ramener à l'état ammoniacal, alors la végétation est active et en quelque sorte continue, sans qu'il soit nécessaire de réparer les pertes en azote que fait annuellement le sol par les récoltes.

D'après ce qui précède, au nombre des conditions les plus efficaces de la nitrification se place la présence dans le sol d'une certaine quantité de potasse, de soude ou de chaux à l'état de carbonate. J'ai fait voir que tous les calcaires de formation récente contiennent de la potasse; toutefois la présence du feldspath en désagrégation paraît être la source la plus abondante de cet alcali. L'efficacité de l'emploi de la chaux dans les terres humides du Nord provient, en partie, de ce que la chaux élimine de la potasse des argiles et peut-être aussi de ce qu'elle favorise la formation nitrière.

Si l'on compare maintenant la lenteur de la nitrification dans les provinces septentrionales à la rapidité avec laquelle la formation nitrière a lieu dans les contrées méridionales, on comprendra combien doivent être plus grandes les dépenses en ammoniaque ou engrais azotés que devra faire le cultivateur dans le Nord, pour obtenir des récoltes abondantes; à quelles pertes il est condamné par la lenteur avec laquelle l'ammoniaque est fixé temporairement à l'état de nitrate, et par conséquent par la facilité avec laquelle il s'échappe dans l'air. Il semblerait que par une disposition providentielle la nature ait voulu suppléer au défaut de travail auquel le ciel brûlant des contrées méridionales condamne le cultivateur.

Je ne donnerai pas plus de développement à ces considérations générales déjà fort longues ; j'espère avoir suffisamment démontré le mode d'intervention des nitrates dans la végétation et l'intime relation qui existe entre la nitrification et la fertilisation du sol, objet essentiel de ce travail.

J'ai dû attacher d'autant plus d'importance à compléter cette démonstration que, depuis quelques années, convaincu de l'utilité que notre agriculture peut tirer des nitrates, et en particulier du nitrate de soude, j'ai sollicité, auprès de M. le directeur général des douanes, l'affranchissement de tous droits sur ces nitrates à leur entrée en France. Mon opinion, qui a trouvé de l'écho au sein des conseils généraux de l'agriculture et du commerce, a donné lieu, de la part de ces deux conseils, à l'émission d'un vœu qui vient récemment d'être accueilli par le gouvernement. (Ordonnance du roi du 26 novembre 1846.)

L'Académie attachera, j'espère, quelque intérêt aux résultats des expériences que j'ai faites pour appuyer mes raisonnements; elle reconnaîtra peut-être que la facilité avec laquelle je suis parvenu à transformer l'ammoniaque en acide nitrique, tend à placer un jour l'Europe dans des conditions de plus grande indépendance des relations maritimes pour ses approvisionnements de nitrates, et que si les calamités de la guerre nous replaçaient dans les conditions du blocus continental, la France pourrait se passer, pour s'assurer ses munitions de guerre, de l'Inde et du Pérou, car la France possèdera toujours des matières animales et du peroxide de manganèse. Dans d'autres circonstances et par une réaction inverse, nous trouverons dans les nitrates de l'Inde et du Pérou des sources abondantes d'ammoniaque, en mettant à profit l'hydrogène et surtout l'acide sulfhydrique perdus dans quelques opérations industrielles, tout en portant une grave atteinte à la salubrité publique.

DE L'INTERVENTION
DE LA POTASSE OU DE LA SOUDE
DANS LA FORMATION
DES CHAUX HYDRAULIQUES, DES CIMENTS,
ET EN GÉNÉRAL DES ESPÈCES MINÉRALES NATURELLES PRODUITES PAR LA VOIE HUMIDE.

1841.

Dans un récent travail qui fait suite à mes recherches sur la nitrification, j'ai fait connaître les résultats auxquels j'ai été conduit par un examen attentif de la nature des efflorescences des murailles, de leur origine et des circonstances qui donnent lieu à leur formation. Mes investigations sur ce point m'ont permis de constater la présence de la potasse ou de la soude dans la plupart des calcaires de diverses époques géologiques, et de justifier ainsi l'existence de ces alcalis dans les végétaux qui croissent sur un sol calcaire. J'ai expliqué comment on peut se rendre compte des efflorescences de carbonate et de sulfate de soude, et de l'exsudation de carbonate de potasse et de chlorure de potassium ou de sodium qui se produisent souvent d'une manière très-visible à la surface des murailles peu après leur construction.

Une particularité qui a fixé mon attention, c'est que les sels alcalins ont été obtenus généralement en plus grande quantité par le lessivage des chaux hydrauliques que par celui des chaux grasses, et que les ciments hydrauliques en sont généralement fort chargés.

J'ai fait des essais sur le ciment de Pouilly, celui de Vassy-lez-Avallon et celui de Boulogne, sur le ciment préparé avec les calcaires siliceux qu'on recueille sur les bords de la Tamise, près de Londres, et tous m'ont donné des quantités notables de potasse.

Ces observations m'ont paru dignes d'attention. Les sels de potasse et de soude exercent-ils quelqu'influence sur les propriétés de la chaux? Leur présence dans les pierres à chaux peut-elle jeter quelque jour sur la formation des calcaires siliceux? Telles sont les questions que je me suis posées et à la solution desquelles j'ai consacré une nouvelle série de recherches dont je vais présenter le résumé.

S'il est constant que la chaux peut directement se combiner par la calcination avec la silice, lorsque cette dernière lui est présentée à l'état d'hydrate, il ne saurait être douteux pour moi que la présence d'un peu de potasse ou de soude susceptibles de se transformer en silicates dans les conditions où la calcination a lieu, ne concoure puissamment à donner à la chaux hydraulique son caractère particulier. Pour déterminer la transformation d'une grande quantité de chaux en silicate, il ne paraît pas nécessaire qu'il existe dans le calcaire siliceux une grande quantité de potasse, le rôle de ce dernier se bornant, selon toute apparence, à faciliter le transport successif de la silice sur la chaux. Toutefois, la condition d'une combinaison préalable de la potasse ou de la soude ne paraît pas indifférente, car l'addition directe de ces alcalis à la pierre à chaux est loin de donner les résultats qu'on obtient lorsque ces alcalis sont déjà engagés naturellement dans la combinaison.

J'ai constaté la possibilité de préparer artificiellement des chaux ou ciments hydrauliques par voie humide en faisant intervenir la silice ou l'alumine dissoute dans l'eau à la faveur de la potasse ou de la soude. Je forme ainsi au contact de la chaux délitée des silicates et des aluminates qui ne sont pas délayées par l'eau et qui possèdent toutes les propriétés, comme aussi la composition des chaux hydrauliques naturelles. Ici sans doute n'intervient pas le mode de transformation continue que je viens de signaler ; aussi une plus grande quantité d'alcali devient nécessaire, mais le mortier est rendu hydraulique à volonté et dans les circonstances seulement où cela est nécessaire ; le degré d'hydraulicité peut en outre se graduer selon le besoin, et le mortier peut être rendu hydraulique dans tous les pays, quelle que soit la nature de la chaux et des corps qui lui sont associés.

Il sera possible aussi de ne rendre les mortiers hydrauliques que dans les parties extérieures des travaux destinés à être immergés, et cela en construisant des maçonneries en chaux grasse et en arrosant les parties extérieures avec de la dissolution de silicate alcalin ; on obtiendra ainsi une enveloppe peu perméable à l'eau et qui permettra aux parties centrales de prendre à la longue de la consistance.

L'application des mortiers rendus hydrauliques par la voie humide aura surtout son utilité dans les pays où la potasse n'est pas d'un prix élevé.

Je produis par la voie sèche comme par la voie humide des mortiers hydrauliques plus économiques que ces derniers par l'addition à la chaux ou à la craie de sulfate d'alumine ou d'alun. Il se forme dans ces réactions un aluminate de chaux dont les propriétés expliquent l'efficacité d'un procédé pour durcir le plâtre, importé d'Angleterre et qui paraît consister dans la calcination du plâtre avec de l'alun.

La calcination de la chaux ou de la craie avec 8 à 10 % de sulfate de fer ou de sulfate de manganèse donne aussi une chaux présentant les caractères des chaux hydrauliques ; mais les mortiers fabriqués avec ces derniers produits ne conservent de la consistance que dans l'humidité.

La potasse doit être préférée à la soude dans la fabrication du silicate soluble, parce que le carbonate de potasse ne donne pas, comme celui de soude, des efflorescences cristallines dans les parties de constructions exposées à l'air ; pour les parties plongées dans l'eau, cette préférence n'est pas justifiée ; elle doit au contraire appartenir à la soude, car outre que cet alcali est d'un prix moins élevé que la potasse, il dissout une plus grande quantité de silice, sa capacité de saturation étant plus considérable.

Sans vouloir entrer dans de grands détails concernant les expériences nombreuses qui viennent à l'appui de mes opinions, sur la formation des chaux hydrauliques, je dirai que ce qui rend incontestable l'influence des alcalis dans la production de ces chaux, c'est que lorsqu'on associe la potasse ou la soude aux chaux hydrauliques ou aux ciments naturels, on en augmente les propriétés hydrauliques. Ainsi, avec la chaux de Tournai, qui est un peu hydraulique, on obtient une chaux qui possède à un haut degré la propriété de durcir sous l'eau en la calcinant avec 5 à 8 % de potasse du commerce. J'ai constaté aussi l'efficacité de l'action de la potasse sur le ciment de Londres, de Vassy lez-Avallon, de Pouilly et de Boulogne.

Je me hâte d'ajouter que l'expérience seule peut prononcer d'une manière définitive sur le mérite et l'utilité de ces applications au point de vue de l'économie, que dans l'appréciation de la qualité des mortiers l'expérience est indispensable, et non l'expérience de quelques semaines, mais celle d'années entières.

Il s'agira d'apprécier l'action de la gelée, celle des efflorescences, celle de la nitrification, toutes causes plus ou moins puissantes de destruction.

Tout en faisant intervenir un agent nouveau dans la théorie de la formation des chaux hydrauliques, je n'en regarde pas moins comme fondamental le principe qui a dirigé les travaux si remarquables de M. Vicat, travaux qui honoreront toujours cet habile ingénieur et auxquels je m'estimerais heureux d'avoir ajouté quelques observations utiles.

Les chimistes n'admettront pas que l'existence de la potasse ou de la soude dans tous les calcaires à chaux hydraulique soit accidentelle et sans influence sur les propriétés de la chaux. De quelle manière cette intervention a-t-elle lieu? Je pense que, sous l'influence de la potasse ou de la soude, les calcaires siliceux, ou la chaux grasse mêlée d'argile, peuvent donner lieu, par la calcination, à des combinaisons doubles de chaux, de silice ou d'alumine et d'un alcali, soit la potasse ou la soude; que ces combinaisons artificielles sont analogues aux combinaisons naturelles que les minéralogistes désignent sous les noms de Mésotype, d'Apophyllite, de Stilbite, et que même il peut se former artificiellement un composé de silice d'alumine et de soude analogue à l'Analcime. Il est à remarquer que ces divers composés constituent des hydrates, et que s'ils font partie des chaux hydrauliques naturelles, ils doivent perdre cette eau à la calcination pour la reprendre ensuite lors de l'humectation et amener ainsi une prompte consolidation des mortiers. Si ces sels doubles ou des composés analogues se forment pendant la calcination des mélanges artificiels, avec ou sans addition de sels alcalins, les silicates produits à l'état anhydre se trouvent, au moment de leur contact avec l'eau, dans les mêmes conditions que les produits naturels après leur calcination. Il interviendrait donc dans la consolidation des mortiers hydrauliques une action analogue à celle qui amène la consolidation du plâtre, une véritable hydratation.

En soumettant ces considérations à l'opinion des chimistes, je le fais avec toute la réserve que commande l'énonciation de toute théorie nouvelle. D'un autre côté je ne voudrais pas tirer de mes observations la conclusion absolue que les chaux hydrauliques ne peuvent exister ou se former sans présence de potasse ou de soude; il est possible que la combinaison de silice ou d'alumine et de chaux puisse également posséder la propriété d'absorber de l'eau et de passer à l'état d'hydrate.

Ciment par la voie humide.

Les silicates alcalins me paraissent destinés à devenir l'objet d'applications plus étendues et non moins importantes. — J'ai reconnu qu'en mettant en contact, même à froid, la craie avec une dissolution de silicates alcalins, il y avait un certain échange d'acides entre les deux sels; qu'une partie de la craie était transformée en silicate de chaux, et une quantité correspondante de potasse en carbonate de potasse.

Si de la craie en poudre a été ainsi transformée partiellement en silicate de chaux, la pâte qui résulte de cette transformation durcit peu à peu à l'air et prend une dureté aussi grande et même plus grande que celle des meilleurs ciments hydrauliques. C'est une véritable pierre artificielle qui, lorsqu'elle a été préparée en pâte assez liquide et avec assez de silicate, présente la propriété d'adhérer avec une grande force aux corps à la surface desquels elle a été appliquée. — Ainsi le silicate de potasse ou de soude peut servir à préparer des matières analogues aux ciments sans qu'il soit nécessaire de soumettre les pierres calcaires à la calcination. Ces mastics pourront devenir applicables dans certaines circonstances à la restauration des monuments publics, à la fabrication des objets de moulure lorsque la fabrication sur une grande échelle du silicate alcalin soluble permettra d'obtenir ce produit à un prix modéré.

Pierres dures artificielles avec les calcaires tendres et poreux.

Lorsqu'au lieu de présenter à une dissolution de silicates alcalins la craie en poudre on la présente en pâte naturelle ou artificielle suffisamment consistante, il y a également absorption de silice en quantité qu'on peut faire varier à volonté, les craies augmentent de poids, prennent un aspect lisse, un grain serré et une couleur plus ou moins jaunâtre, selon qu'elles sont plus ou moins ferrugineuses.

Les immersions peuvent avoir lieu à froid ou à chaud, et quelques jours d'exposition à l'air suffisent ensuite pour transformer la craie, ou tout autre calcaire poreux, en un calcaire siliceux d'une dureté assez grande pour rayer quelques marbres et qui augmente graduellement par le séjour à l'air. Trois à quatre pour cent de silice absorbée donnent déjà une très-grande dureté à la craie.

Les pierres ainsi préparées sont susceptibles de recevoir un beau poli, mais le durcissement, d'abord superficiel, ne pénètre au centre que si la pierre est suffisamment poreuse. Les craies à grain serré ne durcissent fort qu'à la surface, parce que l'air ne peut pénétrer au centre. Toutefois pour ces dernières pierres, lorsque la surface durcie est enlevée par le frottement, une autre couche de pierre dure, siliceuse, se forme : pour ce durcissement successif, on arrive à de meilleurs résultats en exposant les pierres à l'air légèrement humide qu'à l'air sec.

En raison de leur dureté, de leur grain fin et uniforme, les craies ainsi préparées me paraissent devoir devenir d'une grande utilité pour faire des travaux de sculpture, des ornements divers d'un travail même très-délicat; car lorsque les craies ont été soumises à la *silicatisation* dans un état de sécheresse convenable, ce qui est essentiel pour obtenir de bons résultats, les surfaces ne sont nullement altérées.

J'ai fait des essais pour appliquer ces pierres à l'impression lithographique et mes premiers résultats me promettent un succès complet. Il convient de laisser suffisamment durcir à l'air les surfaces après les avoir dressées et poncées, avant d'y appliquer le dessin.

Pour ce dernier usage il sera nécessaire de choisir la craie d'un grain bien serré et uniforme; car les craies naturelles sont toujours traversées en tous sens par des veines de silicate de chaux ou de carbonate de chaux cristallisé; ces veines deviennent apparentes par la silicatisation au point qu'après cette opération il est facile, en quelque sorte, de faire l'étude anatomique de la craie, ce qui n'est pas sans présenter quelque intérêt scientifique.

Ma méthode de transformer les calcaires tendres en calcaires siliceux me paraît une conquête précieuse pour l'art de bâtir. Des ornements inaltérables à l'humidité et d'une grande dureté, au moins à leur surface, pourront être obtenus à des prix peu élevés, et dans beaucoup de cas un badigeonnage fait avec une dissolution de silicate de potasse pourra servir à préserver d'une altération ultérieure d'anciens monuments construits en mortier et en calcaire tendre; le même badigeonnage pourra devenir d'une application générale dans les contrées où, comme en Champagne, la craie forme presque l'unique matière applicable aux constructions.

On est naturellement porté à se demander ce que devient la potasse ou le carbonate de potasse, et s'il n'y a pas lieu de craindre une altération des pierres silicatisées par l'effet de la nitrification; l'expérience peut seule décider une pareille question. Je dirai, toutefois, qu'ayant silicatisé de la craie avec du silicate de soude, il s'est formé à la surface de cette pierre d'abondantes efflorescences de carbonate de soude et que la pierre n'en a été nullement altérée, tant elle avait acquis de dureté. J'ai étendu ma méthode de *silicatisation* ou de silicification aux carbonates de baryte, de strontiane, de magnésie, de plomb, etc. Les mêmes réactions ont lieu et des produits analogues s'obtiennent.

La céruse m'a donné des corps très-durs et polissables, soit en opérant sur des tablettes de céruse raffermie par tassement et dessiccation, soit en gâchant la céruse avec de la dissolution de silicate de potasse. Par ce dernier procédé on peut obtenir des objets moulés d'une grande beauté.

Silicatisation du plâtre.

Le plâtre a été aussi l'objet de mes recherches ; la décomposition du plâtre par les silicates alcalins est plus prompte encore et beaucoup plus complète que celle de la craie. Le sulfate de chaux cristallisé n'est attaqué qu'à la surface ; mais lorsque les cristaux sont grossièrement pulvérisés, leur transformation en une gelée blanche demi-transparente a lieu même à froid. Le plâtre moulé mis en contact avec une dissolution de silicate de potasse prend une grande dureté à sa surface et un aspect lisse très-remarquable. Mais si la transformation a été trop prompte, elle n'est que très-superficielle, et après quelques jours d'exposition à l'air, la partie silicatisée se fendille et se détache sous un faible effort.

Il est donc nécessaire, pour silicatiser du plâtre, d'opérer avec des dissolutions faibles et de rendre le plâtre plus poreux par quelques matières interposées, telles que de la craie, du talc, du sable fin, etc., ou même de faire entrer le silicate liquide dans la pâte elle-même pour compléter ensuite la silicatisation par immersion.

Pierres artificielles manganésiennes.

Le manganésiate de potasse exerce sur la craie et le plâtre une action bien remarquable ; après différents phénomènes de coloration qui se succèdent et qui sont dus à la décomposition de l'acide manganésique, la craie reste imprégnée d'une grande quantité d'oxide de manganèse et acquiert à l'air une dureté considérable. Une partie de l'oxide de manganèse forme à la surface de ces pierres des arborisations en tout semblables à celles que l'on remarque sur les pierres naturelles. Le même effet a lieu pour le plâtre moulé, mais le durcissement n'étant que superficiel, on comprend la nécessité, pour obtenir un produit uniforme, de gâcher le plâtre avec du manganésiate de potasse.

Combinaison de la chaux avec divers oxides.

En envisageant les différentes questions soulevées par ces derniers essais au point de vue théorique, j'ai été conduit à examiner l'affinité de la chaux pour les acides à réaction peu prononcée comme l'acide silicique, ou pour les oxides pouvant jouer le rôle d'acide, et j'ai trouvé que cette affinité est assez puissante pour que les combinaisons alcalines solubles de ces oxides ou acides soient décomposées par la chaux. Ainsi j'ai reconnu que la chaux délitée enlève l'oxide de cuivre à la dissolution de cet oxide dans l'ammoniaque, et dans cette réaction, dans cette formation d'un cuprate de chaux, j'ai cru voir la clef de la théorie jusqu'ici si obscure de la formation des cendres bleues.

La chaux n'enlève qu'imparfaitement l'alumine à l'aluminate de potasse. J'ai préparé avec la chaux délitée et le sulfate d'alumine ou d'autres sulfates métalliques en dissolution, des pâtes dont quelques-unes acquièrent beaucoup de dureté, et qui, par leurs couleurs variées, me paraissent utilisables dans la fabrication des stucs, moulures, etc.

Action des sels solubles sur les sels insolubles.

J'ai reconnu que les réactions des silicates alcalins sur la craie ou le plâtre, donnant lieu à des décompositions partielles, ne sont pas des faits isolés; que ces réactions dérivent d'une loi commune qui n'est qu'une extension des lois de Berthollet, et qui tend à faire tenir compte dans la réaction des sels les uns sur les autres, des différents degrés d'insolubilité des sels insolubles proprement dits, soit dans l'eau, soit dans des dissolutions réagissantes. Ainsi j'ai constaté que *toutes les fois que l'on met en contact un sel insoluble avec la dissolution d'un sel dont l'acide peut former avec la base du sel insoluble un sel plus insoluble encore, il y a échange, mais le plus souvent cet échange n'est que partiel.* Par application de cette loi, j'ai *silicatisé* non-seulement la craie, le plâtre, les carbonates de baryte, de strontiane et de magnésie, mais encore le phosphate de chaux, le carbonate et le chromate de plomb, etc.

Le carbonate de plomb préparé par le procédé hollandais ou par la décomposition d'un sel de plomb basique, au moyen d'un courant d'acide carbonique, étant mis en contact, même à froid, avec une dissolution de chromate de potasse, donne lieu à une formation abondante de chromate de plomb. Du carbonate de plomb bien lavé et du bichromate de potasse donnent lieu, par leur contact, à du bicarbonate de potasse abandonnant de l'acide carbonique par la chaleur, et à du chromate de plomb. Dès le contact, la liqueur prend une réaction alcaline. C'est un procédé qui donne un chromate de plomb d'une superbe couleur si on arrête la réaction au point où la liqueur n'a pas encore acquis une alcalinité trop grande, car dans ce dernier cas la potasse cède difficilement l'acide chromique à l'oxide de plomb.

Pour avoir un exemple de l'application entière de la loi ci-dessus énoncée, il suffit de voir que le carbonate de potasse transforme le plâtre en carbonate de chaux; que le chromate de potasse convertit en partie le carbonate de chaux en chromate de chaux, et que le silicate de potasse donne avec le chromate de chaux une certaine quantité de silicate de chaux. Il est vrai que toutes les réactions sont bien loin d'être complètes et que peut-être il se forme des sels doubles dans beaucoup de circonstances.

Formation des silicates calcaires naturels.

La nature paraît avoir eu souvent recours à des transformations analogues à celles que j'emploie pour fabriquer des pierres artificielles. Mes essais ne tendent-ils pas à faire admettre que le silicate de chaux qui accompagne les craies n'a d'autre origine que celle résultant d'une infiltration de silicate de potasse ou de soude à l'état de dissolution dans l'eau. La présence d'un peu de potasse que j'ai trouvée dans la craie, la conformation des veines de silicate de chaux qui traversent souvent les craies en tous sens donnent un grand poids à cette opinion.

Les calcaires imprégnés d'oxide de manganèse et présentant des arborisations pareilles à celles qui se forment sur les craies qui ont été imprégnées de dissolution de manganésiate de potasse ne sont pas rares, et l'analogie est frappante. Dans les environs de Nontron, de Confolens et de Périgueux on trouve des marnes argileuses qui, quoique tendres au sortir de la carrière et facilement impressionnables par l'ongle, prennent à l'air assez de dureté pour recevoir un beau poli. J'ai reconnu dans ces pierres la présence de la potasse.

Causes du durcissement des pierres artificielles.

Il restait un point important à décider : comment doit-on envisager l'action de l'air dans le durcissement des pierres artificielles?

Il est évident que le silicate de chaux produit par l'échange d'acide, présentant un état gélatineux au moment de sa production, la craie imprégnée de ce silicate ne peut prendre de dureté que par le retrait successif que doit atteindre ce silicate par dessiccation ou par une combinaison plus intime. Mais cette cause qui explique convenablement la propriété qu'ont les craies en général de durcir à l'air par une longue exposition est-elle la seule qui intervienne dans le durcissement des craies silicatisées artificiellement? Des boules de craies de même diamètre et de même origine, *silicatisées* dans les mêmes conditions, furent, au sortir de la dissolution de silicate de potasse, l'une exposée à l'air libre, l'autre placée sous une cloche avec quelques fragments de chaux vive, en interceptant toute communication avec l'air extérieur ; au bout de quatre jours la boule exposée à l'air libre avait pris une dureté sensiblement plus grande que celle placée sous la cloche.

Je cruspouvoir conclure de ce fait que l'acide carbonique de l'air intervient dans le durcissement des silicates artificiels lorsqu'ils restent imprégnés de silicate alcalin, et je n'eus pas de peine à m'en assurer en mettant des craies récemment imprégnées de silicate en contact avec de l'acide carbonique. Ce dernier fut absorbé en grande quantité. Je reconnus bientôt que cette absorption d'acide carbonique était due au silicate de potasse retenu par la craie, à cause de sa porosité, et qui, se trouvant par cette absorption transformé en carbonate de potasse, détermine dans la masse calcaire un dépôt de silice, qui, en se contractant, concourt puissamment à lui faire acquérir une grande dureté.

Lorsqu'on expose à l'air une dissolution de silicate de potasse, elle se coagule lentement et présente au bout d'une quinzaine de jours une gelée parfaitement transparente qui prend successivement du retrait et acquiert une grande dureté sans perdre sa transparence. La potasse passe à l'état de carbonate ; après plusieurs mois la silice ainsi obtenue est assez dure pour rayer le verre.

Les résultats de ces expériences ne sont-ils pas suffisants pour démontrer que dans les procédés de préparation des pierres artificielles dont je viens de parler, il intervient, par le contact du silicate de potasse avec le carbonate de chaux, un échange d'acides, et qu'il y a également une décomposition lente du silicate alcalin par l'acide carbonique de l'air. Lorsque l'aluminate de potasse intervient dans la préparation des pierres artificielles, le contact de l'air donne lieu à des résultats analogues. L'alumine précipitée par l'acide carbonique de l'aluminate de potasse prend également, par un retrait lent, une très-grande dureté.

Formation des roches siliceuses, alumineuses, etc., etc.

En réfléchissant à cette admirable réaction, n'est-on pas conduit naturellement à attribuer non-seulement toutes les infiltrations et les cristallisations de silice dans les roches calcaires, mais encore la formation d'une infinité de pâtes siliceuses et alumineuses naturelles à des réactions analogues. N'est-on pas conduit à admettre que le silex pyromaque, les agathes, les bois pétrifiés et autres infiltrations siliceuses, n'ont point d'autre origine ; qu'ils doivent leur formation à la décomposition lente du silicate alcalin liquide par l'acide carbonique.

C'est là une question d'une si haute importance scientifique et qui est de nature à jeter une si vive lumière sur l'histoire naturelle du globe, que l'on ne saurait porter à son examen trop d'attention.

Je suis heureux de pouvoir, à l'appui de mon opinion, présenter, sinon des preuves suffisantes et assez nombreuses, du moins des indications telles que la question soulevée ne saurait manquer de devenir l'objet d'ultérieures investigations de la part des géologues. Il m'a semblé qu'un des points les plus importants à constater serait celui de l'existence de quelque reste de potasse ou de soude dans les pâtes siliceuses naturelles. Cette constatation, je l'ai faite sur du silex pyromaque provevenant de la craie. Calciné, pulvérisé et traité par l'eau distillée, il communique à cette eau un caractère alcalin prononcé ; déjà il y avait pour moi une forte présomption de ce fait, car le silicate de chaux et la craie qui enveloppent souvent les rognons de silex sont eux-mêmes légèrement alcalins.

J'ai encore constaté la présence de petites quantités d'alcali libre ou carbonaté dans la silice hydratée ou opale de Cassella-Monte, dans une pâte formée de silice alumineuse, de couleur blanche, douce au toucher, imperméable à l'eau, formant une espèce de filon où vient s'engager du silex pyromaque et qui a été trouvée dans la craie des bords du canal de Briare, près de Montargis. — Enfin, j'ai constaté le même caractère alcalin dans la matière rose, onctueuse de Confolens (Charente) assimilée à la quincyte, et la matière blanche légère qui l'accompagne et qui paraît être de même nature.

La potasse et la soude n'ont donc pas été étrangères à la formation de la plupart des roches siliceuses et alumineuses.

Mes expériences me paraissent de nature à faire cesser toute incertitude sur ce point, et bientôt une théorie régulière et admise par tous, de la formation de ces roches par la voie humide, remplacera des hypothèses plus ou moins hasardées et les idées vagues que l'on pourrait avoir sur cette formation. — Ainsi, depuis longtemps les dépôts siliceux que forment quelques eaux minérales et notamment celles du Mont-d'Or, celles du Geysser, en Islande; l'existence de petites quantités de silice dissoute dans un grand nombre de ces eaux, même des eaux de rivière, mais surtout des eaux jaillissantes, devaient faire entrevoir une explication conforme à celle que je propose et qui repose:

1.° Sur la décomposition des carbonates terreux par le silicate de potasse ou de soude, pour former des silicates terreux, lesquels, par l'action lente des eaux chargées d'acide carbonique ou de bicarbonates alcalins, perdent dans quelques circonstances l'élément calcaire ou magnésien.

2.° Sur la formation directe de pâtes siliceuses ou alumineuses par décomposition lente, au contact de l'acide carbonique de l'air, des silicates alcalins dissous dans l'eau.

Des recherches ultérieures décideront si j'ai été assez heureux pour faire avancer d'un pas la science géologique sur un point si important.

Dans le cours de mes expériences j'ai reconnu que le manganésiate alcalin joue un rôle analogue au silicate et à l'aluminate;

l'acide carbonique de l'air intervient également dans la décomposition de ce sel. Cette analogie conduit à attribuer la formation de beaucoup de roches manganésiennes à une origine pareille.

L'analogie m'a paru plus frappante encore en constatant, par des essais sur plusieurs échantillons de peroxide de manganèse cristalisé, que cet oxide donne, par son lavage à l'eau distillée, une petite quantité de potasse ; et aujourd'hui que nous savons qu'il existe un composé correspondant au manganésiate de potasse dans lequel l'oxide de fer joue le rôle d'acide, il n'est pas indifférent de rechercher si la théorie de la décomposition des chlorures de fer par l'eau est la seule manière d'expliquer la formation du fer oligiste ; si la formation de cet oxide naturel ne se rattache pas à des réactions de la nature de celles que je viens de signaler.

Une première indication en faveur de cette opinion, c'est que j'ai constaté la présence d'un peu d'alcali dans le fer oligiste de l'île d'Elbe et d'autres provenances.

La potasse ou la soude paraissant donc avoir présidé à la plupart des formations par la voie humide, il conviendra de rechercher la présence de ces alcalis dans toutes les espèces minérales et particulièrement dans celles appartenant à des métaux dont les oxides peuvent jouer le rôle d'acide. Il ne sera pas difficile ainsi de se rendre compte de la formation des calamines, de l'oxide d'étain cristallisé naturel et même du chromate de plomb de Sibérie ; le chromate de plomb est soluble dans un excès de chromate alcalin et se sépare peu à peu de sa dissolution en affectant une forme cristalline.

J'ai trouvé encore une puissante confirmation de mon opinion concernant l'intervention des alcalis dans la formation des roches, en reconnaissant que non seulement les calcaires poreux ou compactes, ceux cristallisés, les dolomies et diverses pâtes siliceuses, contiennent un peu d'alcali ; mais que la réaction alcaline se manifeste encore dans le talc, l'asbeste, l'émeril, l'émeraude, le sulfure d'antimoine, celui de molybdène, etc.

Si d'un autre côté nous supposons l'intervention de l'alcali combiné à de l'acide carbonique à l'état de bicarbonate, ou l'acide carbonique libre comme dissolvant, nous nous rendrons facilement compte de la formation des calcaires compactes par l'infiltration dans les craies de dissolutions de carbonate de chaux ; enfin si, au lieu de carbonate de chaux, nous admettons que de la même manière le carbonate de magnésie pénètre dans la craie, nous arrivons à la formation de certaines dolomies.

EXPÉRIENCES

POUR SERVIR A L'HISTOIRE DE L'ALCOOL, DE L'ESPRIT DE BOIS ET DES ÉTHERS.

Il a été tant dit, tant écrit sur l'éthérification, le champ des investigations et des conjectures concernant cette question est devenu tellement vaste, que de nouveaux travaux présentent à leur auteur peu de chances d'étendre encore cette partie de nos connaissances : mais cette raison même a été pour moi un puissant encouragement dans la série d'expériences que j'ai tentées, parce qu'elle devait me faire espérer que mes observations seraient accueillies avec plus d'indulgence. L'intérêt qu'a inspiré la théorie de la formation des éthers était justifié par la place importante qu'occupe cette théorie dans la chimie organique; non-seulement elle embrasse des phénomènes nombreux et variés, mais elle se rattache aussi par de grandes analogies à d'autres questions théoriques, dont la solution dépend de la fixation des idées relativement à la production des éthers et à la manière d'envisager la composition de ces corps.

Si l'action des acides sur l'alcool a été examinée sous toutes ses faces, si les nombreux produits qui en résultent ont été l'objet des plus minutieuses recherches, il m'a semblé que l'on s'était attaché trop exclusivement à un seul mode d'éthérification, et que l'état actuel de cette partie de la science réclamait de nouvelles études pour mieux faire connaître l'action des autres agents susceptibles de transformer l'alcool en éther. C'est là une lacune que j'ai voulu indiquer plutôt que combler, car je n'ai pu jusqu'ici qu'effleurer le vaste sujet de recherches qui, dans cette nouvelle voie, a bientôt attiré mon attention.

Dès les temps les plus reculés, l'on a reconnu que certains chlorures avaient la propriété de convertir, à une température convenable, l'alcool en un produit éthéré. Basile Valentin, dans son livre intitulé *Currus triumphalis Antimonii*, décrit la préparation d'un médicament auquel il attribue une efficacité toute particulière, et qu'il obtenait en distillant un mélange de perchlorure d'antimoine et d'alcool. Macquer, dans son dictionnaire de chimie, signale le procédé du marquis de Courtanvaux, publiés dès 1759 (1), pour préparer l'éther marin avec le perchlorure d'étain. Les résultats de ces réactions étaient toutefois considérés comme incertains ou incomplets : les uns n'y voyaient qu'un mélange d'alcool et d'éther hydrochlorique, les autres contestaient même le fait de l'éthérification. L'action des chlorures métalliques a aussi fixé l'attention de M. Thénard dans son beau travail sur l'éther hydrochlorique, et dans ces derniers temps, M. Masson, en répétant une expérience du baron de Bormes sur l'éthérification par le chlorure de zinc, a constaté qu'une dissolution concentrée de ce chlorure dans de l'alcool aqueux donnait lieu, vers la température de 140°, à la formation d'éther sulfurique; qu'à une température plus élevée il se produisait des carbures analogues à l'huile douce de vin. La formation de l'éther sulfurique par le perchlorure

(1) *Journal des Savants*, ann. 1759, p. 549.

d'étain a été également indiquée par plusieurs auteurs dignes de foi; enfin parmi les corps éthérifiants, on a encore signalé le fluorure de bore et le fluorure de silicium.

Tel était l'état de la question lorsque je résolus d'examiner ce qu'il y avait de général et de particulier dans ces diverses réactions. Mon attention s'est plus particulièrement fixée sur les chlorures métalliques éthérifiants. Comme ces différents composés sont susceptibles de se combiner avec l'eau, dont la présence était de nature à compliquer les résultats, j'ai cru devoir éliminer ce corps et opérer avec des chlorures anhydres et de l'alcool absolu, dans l'espoir de fixer plus facilement les idées d'une manière convenable sur les réactions que j'avais à étudier.

Hellot a observé que l'alcool pouvait former, avec le protochlorure d'antimoine une véritable combinaison cristallisable, dans laquelle l'alcool joue le rôle de l'eau de cristallisation. Plus récemment, M. Graham a constaté par de nombreuses expériences que d'autres chlorures, notamment le chlorure de calcium, ceux de zinc, de manganèse, de magnésium, de fer, et un grand nombre de matières salines possédaient les mêmes propriétés.

En examinant quelques-uns de ces composés sous le point de vue de l'éthérification, j'étais conduit à rechercher si ces combinaisons définies étaient susceptibles de donner de l'éther par la chaleur seule, ou si l'éthérification nécessitait l'intervention de quantités déterminées de corps éthérifiants non combinés; mon premier soin devait donc être d'étudier le véritable caractère de ces composés encore trop peu connus, pour mieux comprendre le rôle qu'ils jouent dans l'éthérification.

PREMIÈRE PARTIE.

I. DES COMBINAISONS ALCOOLIQUES, ÉTHÉRÉES ET MÉTHYLIQUES EN GÉNÉRAL.

L'on ne saurait mieux assimiler l'alcool qui entre dans diverses combinaisons qu'à l'eau; comme elle, l'alcool paraît jouer souvent le rôle d'un corps indifférent en entrant seulement dans l'arrangement moléculaire d'une combinaison neutre, lui faisant affecter des formes cristallines; son rôle alors est bien celui de l'eau de cristallisation, si toutefois on ne veut considérer les sels qui contiennent de l'eau de cristallisation comme des sels doubles, dont l'eau formerait une des bases. Il présente une analogie non moins grande avec l'ammoniaque qui se combine, d'après les recherches de M. H. Rose avec les chlorures et oxisels métalliques en y jouant le même rôle que l'eau de cristallisation.

L'alcool, de même que l'eau, doit, dans certains cas, être plus particulièrement assimilé aux acides ou aux bases : ainsi l'alcool, se combinant au perchlorure de fer, de même que l'eau combinée à ce chlorure, joue le rôle de base, tandis qu'on ne peut envisager de la même manière l'alcool combiné à l'oxide de potassium. Ces distinctions m'ont paru devoir être établies; nous serons conduits, dans le cours de ce travail, à reconnaître qu'elles n'ont rien de purement hypothétique. Pour mieux marquer d'avance le rôle que j'attribue à l'alcool suivant la nature du corps qui s'y combine, je désignerai exclusivement par *alcoolates* les combinaisons où l'alcool joue le rôle d'acide, et je ferai suivre le nom du corps acide auquel l'alcool s'associe comme base ou élément électro-positif du mot *alcoolique*, en les considérant comme de véritables *sels d'alcool*. J'examinerai en même temps des composés analogues que j'ai formés avec l'esprit de bois et différents éthers où ces corps jouent tantôt le rôle d'acide et tantôt le rôle de base. Cette classification n'a sans doute rien de définitif, mais elle m'a paru de nature à être adoptée provisoirement, et elle m'était nécessaire pour mettre quelque ordre dans l'exposition des faits que j'avais à signaler.

J'ai considéré l'alcool et l'esprit de bois comme jouant, sans décomposition, le rôle d'acide ou de base, sans m'arrêter à la considération que ces corps sont, pour la plupart des chimistes, des hydrates de leurs éthers respectifs. Il en résulte que ce que je désigne sous le nom de sel d'alcool, lorsqu'un chlorure joue le rôle d'acide, sera considéré généralement comme un composé de chlorure et d'éther mêlé de chlorure hydraté, ou comme un composé à deux bases, l'éther et l'eau; mais comme ces deux bases (l'éther et l'eau) restent combinées d'une manière assez stable à l'état d'alcool ou d'esprit de bois, tant qu'elles ne sont pas déplacées aux températures convenables à l'éthérification, j'ai cru pouvoir sans inconvénient adopter provisoirement l'existence de sels d'alcool ou d'esprit de bois.

Il m'eût été difficile, sans établir de distinction entre les composés alcooliques et les composés éthérés, de justifier les différences qui se remarquent entre les propriétés des composés éthérés obtenus directement avec l'éther et celles des composés obtenus avec l'éther hydraté (alcool). Ces derniers donnent, par leur contact avec l'eau, de l'alcool, tandis que les autres donnent toujours de l'éther. Si l'alcool ou l'éther avait été obtenu dans les deux circonstances, il eût été sans doute beaucoup plus convenable de ne faire qu'un seul et même groupe. J'ai évité, du reste, toute dénomination nouvelle, persuadé de l'utilité qu'il y a dans les sciences de s'attacher à bien étudier les corps avant de multiplier les noms. Dans la rédaction de ce travail, j'emploierai les désignations suivantes :

Éther sulfurique.............................. $C_4\ H_5\ O$
Éther hydrochlorique.......................... $C_4\ H_5\ Cl$
Éther méthylique.............................. $C_2\ H_3\ O$
Éther méthylhydrochlorique.................... $C_2\ H_3\ Cl$

En empruntant une partie de ces noms à l'ancienne nomenclature, je fais assez connaître que mon but n'est pas de traiter ici des diverses théories en présence relativement à la constitution chimique des éthers.

II. COMBINAISONS DANS LESQUELLES L'ALCOOL, L'ESPRIT DE BOIS ET L'ÉTHER JOUENT LE RÔLE D'ACIDE.

Lorsque l'on met en contact l'alcool absolu avec du potassium ou du sodium, ces corps s'oxident aux dépens de l'oxigène de l'alcool ; de l'hydrogène se dégage ; l'oxide anhydre qui se forme dans ce cas se combine avec l'alcool non décomposé et donne lieu à des composés qui cristallisent avec la plus grande facilité en belles aiguilles prismatiques (1).

Lorsqu'on traite par l'alcool absolu le pyrophore de M. Gay-Lussac, consistant en polysulfure de potassium, oxide de potassium anhydre et charbon, le polysulfure de potassium et l'oxide de potassium forment des combinaisons qui sont toutes deux cristallisables. Les cristaux de polysulfure sont de forme prismatique, incolores, et ne se forment que lentement.

---

(1) D'après M. Liebig, qui a étudié ces combinaisons, il se forme, par la décomposition de l'eau de l'alcool, de l'oxide de potassium qui se combine à de l'oxide d'éthyle (éther) devenu libre, et les cristaux qu'on obtient sont formés d'éther et d'oxide de potassium, qui, en contact avec de l'eau, régénèrent l'hydrate d'oxide de potassium et l'hydrate d'éther (alcool). (*Ann. der Pharm.*, t. XXIII, p. 32). Cette manière de se comporter se répète dans l'action du potassium sur le mercaptan ; il y a entre les deux corps une analogie complète.

Les composés d'alcool et d'oxide de potassium et de sodium, exposés au contact de l'air, s'altèrent à la longue et donnent naissance à de l'acétate de potasse (1).

En mettant en contact de l'esprit de bois avec du potassium et du sodium, j'ai obtenu des cristaux analogues à ceux produits par l'alcool; la cristallisation de ces composés a lieu avec la plus grande facilité; les cristaux consistent en tables rhomboïdales; par leur contact prolongé à l'air, ils donnent naissance à du formiate de potasse.

L'éther, en contact avec le potassium et le sodium, donne lieu, par une réaction lente, à des composés cristallins d'éther et d'oxides anhydres; ces produits se comportent au contact de l'air comme ceux alcooliques; lorsque l'action d'un excès de potassium et de sodium est prolongée, l'éther est entièrement altéré; il se forme une masse jaune opaque de consistance gélatineuse.

L'éther absolu se charge également de l'oxide de potassium anhydre qui existe dans le pyrophore de M. Gay-Lussac; la dissolution faite à chaud, exposée à l'air sec, cristallise par évaporation de l'éther. Les cristaux ne contiennent pas de sulfure; ils se fondent au contact de l'air humide; par le contact de l'eau il s'en sépare de l'éther et non de l'alcool : la dissolution aqueuse, saturée par l'acide acétique, donne avec le sous-acétate de plomb un précipité blanc abondant, ce qui indique que l'éther n'est pas complètement séparé de cette combinaison par l'eau.

La baryte anhydre se comporte avec l'alcool, l'esprit de bois et l'éther, comme l'oxide de potassium ou de sodium; les composés qui se forment cristallisent lentement en feuilles

---

(1) D'après M. Liebig, il y a aussi, dans cette circonstance, formation d'acides formique et aldéhydique. (*Handbuch der pharmacie, von Geiger*, I, 703.)

de fougère; mais un contact prolongé d'un excès de baryte altère ces corps et les colore en jaune. La propriété de l'alcool absolu, de former peu à peu une combinaison avec la baryte caustique, doit faire rejeter la baryte comme moyen de s'assurer si l'alcool est anhydre.

III. COMBINAISONS DANS LESQUELLES L'ALCOOL, L'ESPRIT DE BOIS ET L'ÉTHER JOUENT LE RÔLE DE BASE.

J'ai fait connaître les motifs qui me font admettre provisoirement l'existence de sels d'alcool, au lieu de considérer ces composés comme des sels d'éther. Je reviendrai à cette question en faisant le résumé des résultats de mes expériences. L'une des plus remarquables combinaisons de ce genre est la combinaison de l'alcool absolu avec le perchlorure d'étain. En mettant en contact ces deux corps, soit à l'état liquide, soit à l'état de vapeur, il y a une élévation très-considérable de température, et par le refroidissement le sel d'alcool cristallise en aiguilles soyeuses disposées en houppes; il est incolore, d'une odeur aromatique, lorsqu'il a été saturé d'alcool, fusible à une température de 75° environ, ne répandant aucune fumée à l'air à la température ordinaire. Ce composé paraît pouvoir se constituer en différentes proportions; lorsque le chlorure domine, la cristallisation est plus nette. Pour obtenir une cristallisation de la combinaison neutre, il convient d'exposer le sel préparé avec excès d'alcool dans une atmosphère desséchée par la chaux. Lorsque ces composés alcooliques sont mis en contact avec l'eau, l'alcool est éliminé sans subir d'altération.

Le perchlorure de fer se comporte comme le perchlorure d'étain; mais le sel alcoolique cristallise plus difficilement.

La combinaison de l'alcool avec le perchlorure d'antimoine se produit avec la même facilité et toujours avec un grand dégagement de chaleur; mais le mélange se colore et ne paraît pas susceptible de cristalliser; conservé pendant quelques jours, l'eau en sépare une matière huileuse brune. Le chlorure d'aluminium et le fluorure de bore se combinent à l'alcool et forment avec lui des composés analogues.

L'esprit de bois anhydre, en présence des chlorures éthérifiants, donne des résultats analogues à ceux de l'alcool; il forme des composés correspondants dont plusieurs sont cristallisables. Le plus remarquable de ces composés est le composé d'esprit de bois et de perchlorure d'étain. La combinaison s'effectue avec un dégagement très-considérable de chaleur qu'il convient de modérer par des mélanges frigorifiques; le liquide se colore en rouge grenat, et, par le refroidissement, il se prend en une masse cristalline. Les cristaux, qui se forment lentement, sont parfaitement incolores. Le composé de perchlorure de fer et d'esprit de bois est également susceptible de cristalliser, mais plus difficilement. Dans toutes ces combinaisons l'esprit de bois joue le même rôle que l'alcool, mais le mélange se colore toujours, quelque précaution que l'on prenne pour purifier autant que possible l'esprit de bois.

L'éther sulfurique, de même que l'alcool et l'esprit de bois, peut jouer le rôle de base; il se combine, avec dégagement de chaleur, avec les chlorures ou fluorures électro-négatifs, et ces combinaisons se détruisent par leur contact avec l'eau. Dans cette décomposition l'éther est mis en liberté; il ne se produit ni à froid ni à chaud aucune trace d'alcool, et en cela ces combinaisons diffèrent essentiellement des combinaisons alcooliques, qui donnent toujours de l'alcool et jamais d'éther, lorsqu'elles n'ont pas subi l'action de la chaleur.

Plusieurs composés d'éther et de perchlorure cristallisent avec une grande facilité lorsqu'ils sont exposés à l'air sec; à une température élevée, la plupart se volatilisent sans décomposition. La combinaison de perchlorure de fer et d'éther cristallise lentement en tables rectangulaires. Le perchlorure d'étain donne un composé éthéré d'un aspect brillant et dont la cristallisation est d'une netteté remarquable; ce composé s'obtient par le contact des corps, soit à l'état liquide, soit à l'état de vapeur. Il distille sans altération à la température de 80°.

L'éther sulfurique n'est pas le seul éther susceptible de jouer le rôle de base en présence des acides et des chlorures et fluorures électro-négatifs. La vapeur d'éther hydrochlorique est absorbée en grande quantité par l'acide sulfurique anhydre; il en résulte un produit liquide répandant à l'air d'abondantes fumées blanches et donnant lieu, par son mélange avec l'eau, à un produit huileux ou éthéré qui possède une partie des propriétés de l'éther oxichloro-carbonique. Il a une forte odeur d'ail, détermine, à un haut degré, le larmoiement et prend une couleur pourpre par son contact avec l'iode. Sa pesanteur spécifique est peu différente de celle de l'eau; il se tient habituellement au fond de ce liquide, mais vient nager à la surface pour peu que l'eau contienne de corps qui en augmentent la densité. Ce composé huileux ou éthéré est peu soluble dans l'eau froide, beaucoup plus dans l'eau chaude, sa dissolution précipite par les sels d'argent; mais, s'il a été bien lavé à froid, les réactifs n'y dénotent pas la présence de l'acide sulfurique. Le composé d'éther et d'acide sulfurique anhydre ne bout qu'à une température de 130°; une partie se distille sans altération, mais une autre partie est profondément altérée; le liquide se colore en brun et il se produit de l'acide sulfureux; lorsque, par le contact de l'eau, on a séparé le composé huileux, il reste dans le liquide un acide analogue à l'acide sulfovinique. Lorsqu'on mêle à ce liquide, à chaud, une dissolution de chlorure de barium, il se forme, par le refroidissement, une abondante cristallisation d'un sel barytique d'un aspect soyeux.

L'acide sulfurique hydraté absorbe également de l'éther hydrochlorique, mais la combinaison ne donne pas lieu, par le contact de l'eau, au composé huileux dont je viens de signaler l'existence.

Le perchlorure d'étain forme, avec l'éther hydrochlorique, un composé très-remarquable. La combinaison s'effectue avec dégagement de chaleur; le résultat est incolore, liquide et fume à l'air. En l'exposant à une évaporation lente, dans une atmosphère d'air séché par la chaux vive, il cristallise et donne lieu à une végétation qui dépasse de plus d'un centimètre les bords de la capsule qui a contenu le liquide; les cristaux ont la disposition de barbes de plumes. L'eau décompose également ce produit, mais ici une grande partie de l'éther hydrochlorique est régénérée; il reste cependant une matière blanche, peu soluble dans l'eau, qui paraît être de l'oxichlorure d'étain, lequel ne se forme pas en opérant sur le composé préparé récemment.

Le perchlorure d'antimoine absorbe, avec dégagement de chaleur, l'éther hydrochlorique. La combinaison est incolore, liquide et fume à l'air; exposée à une atmosphère desséchée, elle se prend en une masse cristalline. Mais bientôt la masse redevient liquide, se colore en brun et laisse déposer lentement des cristaux de protochlorure d'antimoine. Le liquide brun mêlé à l'eau, donne lieu à la séparation d'une matière huileuse brune.

Le perchlorure de fer se combine aussi à l'éther hydrochlorique. Ce composé cristallise confusément dans une atmosphère desséchée par la chaux; il est décomposé par le contact de l'eau; l'éther hydrochlorique se sépare en partie, et il se forme, dans cette réaction, une grande quantité de peroxide de fer. (1)

---

(1) Les partisans de la théorie où l'éther est considéré comme un oxide trouveront un appui puissant en faveur de leurs idées dans l'existence de ces composés; en effet, l'éther hydrochlorique n'est pas dans ces réactions un corps indifférent analogue aux oxisels, mais un composé analogue aux oxides, un chlorure capable de former des chlorures doubles avec les chlorures métalliques.

L'action des acides sulfurique et phosphorique anhydres et des chlorures et fluorures sur l'éther hydrochlorique, l'éther hydriodique, l'éther hydrobromique, enfin sur les éthers composés, à acides organiques, fera l'objet d'un travail particulier dont je m'occupe. Je me contente, pour le moment, de signaler, d'une manière générale, la propriété que possèdent des éthers, autres que l'éther sulfurique, de former des combinaisons avec les acides et les chlorures et fluorures électro-négatifs. Toutefois, je ne considère pas ces composés comme étant en tout assimilables aux précédents, car il est évident, d'après l'action de l'eau sur une partie d'entre eux, et les résultats de cette action, que l'éther subit une modification profonde dès le moment où il se trouve en présence des acides anhydres et des chlorures. Comme je compte faire, de ces réactions, l'objet d'une étude particulière, je me contenterai, pour le moment, de signaler l'existence de ces composés remarquables.

DEUXIÈME PARTIE.

I. ACTION DE LA CHALEUR SUR LES COMPOSÉS D'ALCOOL, D'ESPPRIT DE BOIS ET D'ÉTHER, AVEC DES BASES.

Lorsqu'on soumet à l'action de la chaleur les combinaisons d'alcool ou d'esprit de bois et des diverses bases qui sont susceptibles de s'y combiner, il ne se produit de l'éther dans aucune circonstance, une partie de l'alcool ou de l'esprit de bois anhydre engagé dans les composés s'échappe d'abord ; puis ces combinaisons, vers la température de 250°, se colorent un peu, et il se dégage des carbures d'hydrogène en abondance.

La combinaison d'alcool et de baryte donne lieu aux phéno-

Les arguments en faveur de l'oxyde d'éthyle seront d'autant plus puissants qu'aux chlorures doubles que je viens de mentionner s'adjoignent les nombreuses combinaisons doubles formées par le sulfure d'éthyle (mercaptan).

mènes suivants. Après qu'une partie de l'alcool s'est échappée, le composé se charbonne légèrement, et il se dégage du carbure bihydrique et un peu de carbure tétrahydrique ; à une température plus élevée, le charbon disparaît ; il distille un peu d'eau et la baryte reste à l'état de carbonate. Le charbon déposé disparait dès qu'il se sépare de l'eau : la présence de l'eau doit nécessairement occasionner la combustion du charbon à la température élevée à laquelle l'opération a lieu.

Lorsqu'au lieu d'employer le composé alcoolique on se sert du composé de baryte et d'esprit de bois, ce n'est plus le gaz oléfiant qui se produit, mais un carbure à odeur méthylique brûlant avec une flamme bleu pâle. Le gaz produit est sans doute un mélange de plusieurs carbures d'hydrogène, car il se dépose du charbon ; toutefois, je crois qu'un examen attentif de ce mélange gazeux peut avoir quelque intérêt sous le rapport théorique.

Vers la fin de la décomposition des composés alcooliques et méthyliques, il se distille aussi, dans quelques circonstances, un peu d'un carbure huileux de couleur citrine ; mais jamais la moindre trace d'éther n'a été produite dans le grand nombre d'expériences que j'ai tentées sur les combinaisons d'alcool ou d'esprit de bois où ces corps jouent le rôle électro-négatif, et en cela ces composés se distinguent essentiellement de ceux où l'alcool ou l'esprit de bois joue le rôle de base.

II. ÉTHÉRIFICATION DE L'ALCOOL PAR LES CHLORURES.

§ 1. *Perchlorure d'étain et alcool.*

L'expérience m'ayant démontré que l'action de la chaleur sur les combinaisons de perchlorure d'étain et d'alcool donne des résultats qui varient suivant les proportions dans lesquelles ces deux corps ont été associés ou mis en présence, il importe d'indiquer les résultats obtenus, d'abord sur le produit constitué par un atome perchlorure et un atome alcool, puis sur des mélanges formés dans différentes autres proportions.

J'ai pensé qu'il pouvait être utile, dans cette circonstance, de constater des résultats quantitatifs, malgré la difficulté qu'il y a de déterminer séparément le volume ou le poids des produits d'une distillation où l'on obtient toujours des mélanges de corps différents, et où les résultats varient non-seulement en quantité, mais encore en nature, suivant la rapidité avec laquelle les opérations sont conduites.

Bien que j'aie cherché à opérer d'une manière uniforme pour toutes mes expériences, que pour bien pouvoir graduer la température j'aie eu recours à des bains d'huile, que la condensation ait toujours eu lieu à la température de la glace fondante, je ne puis présenter mes chiffres que comme des résultats approximatifs et n'ayant d'autre mérite que celui de permettre d'établir des points de comparaison.

A

Lorsqu'on met en contact

	équivalents,	poids.
$Sn\ Cl_2$........	1	100
$C_4\ H_6\ O_2$.....	1	35,87

en modérant la chaleur développée par la combinaison, on obtient une masse pâteuse à la température ordinaire, et qui, soumise à l'action de la chaleur, présente les résultats suivants :

A 75°c les cristaux se liquéfient.

A 127° il se dégage une faible quantité de $Cl\ H$ et de $C_4\ H_5\ Cl$.

A 135° il produit quelques bouillons dus au dégagement d'un peu de $Cl\ H$ et de $C_4\ H_5\ Cl$.

A 145° l'ébullition n'est pas encore complète ; cependant il y a un peu d'éther liquide de produit.

A 150° l'ébullition devient régulière ; il n'y a plus que très-peu d'acide et déjà on a pu recueillir près d'un cinquième en volume de l'alcool employé d'un mélange de C_4 H_5 Cl et d'un peu de C_4 H_5 O.

A 155° il distille encore de l'éther; mais la presque totalité en combinaison avec du chlorure constituant un liquide incolore d'un aspect huileux très-dense et se mêlant à l'éther. Ce liquide donne des cristaux par le refroidissement.

A 160° distillation de la combinaison éthérée.

A 170° idem.

A 180° idem.

On a continué l'action de la chaleur jusqu'à ce que le liquide visqueux qui distillait se soit un peu coloré en jaune; à ce point il se dégageait, en même temps que la combinaison éthérée, un peu d'eau chargé d'acide chlorhydrique.

Sur 137,87 parties de mélange soumises à l'action de la chaleur, il est resté dans la cornue 28 parties contenant encore de la combinaison alcoolique ou éthérée; car, par le refroidissement, le col de la cornue s'est tapissé de très-beaux cristaux étoilés.

Les premiers produits de la distillation consistaient, comme nous l'avons indiqué, en éther pur, les seconds produits obtenus de 155 jusqu'à 200° environ consistaient en un liquide incolore, un peu oléagineux, d'une odeur d'éther mêlée de l'odeur de l'acide chlorhydrique. Ce produit est un mélange de combinaisons de perchlorure d'étain avec de l'éther sulfurique et de l'éther chlorhydrique, le tout chargé d'un peu d'acide chlorhydrique. En le mélangeant peu à peu, et à la température de 15 degrés environ, avec son volume d'une dissolution de potasse caustique dans l'eau, l'éther chlorhydrique se dégage en partie à l'état de vapeur, et un mélange d'éther sulfurique et d'éther chlorhydrique vient nager à la surface du liquide. En réunissant les produits éthérés de cette décomposition à l'éther libre dégagé en premier lieu, j'ai pu recueillir, pour 100 volumes d'alcool employé, 46 volumes de mélanges d'éthers (1).

---

(1) J'ai déterminé en volumes les rapports de la quantité d'éther obtenu à la quantité d'alcool décomposé, parce que ce moyen de détermination était d'une

C'est comme on voit presque la moitié du volume de l'alcool employé, et des pertes presqu'inévitables ont eu lieu, tant en vapeurs non condensées que par dissolution dans l'eau.

B

On fit un mélange où la quantité d'alcool fut un peu diminuée; sur 100 parties en poids de perchlorure d'étain, on versa 32, 84 parties d'alcool absolu. Toute la masse devint solide et cristallisée.

Elle fondit de 70 à 75 degrés.

A 120° il se dégagea un peu de Cl H et de Sn Cl_2.

A 130° quelques bouillons se manifestèrent.

A 135° il passa du Cl H et un peu de Sn Cl_2.

A 140° il distilla peu de C_4 H_5 Cl sans apparence de C_4 H_5 O.

A 150° idem.

160° il distilla un liquide incolore, oléagineux, qui consistait en une combinaison de Sn Cl_2; de C_4 H_5 Cl.

A 165° le produit contenu dans la cornue commença à se déssécher; on le retira du feu, et par refroidissement il a cristallisé en houppes soyeuses; en y ajoutant de l'eau, on n'a pas obtenu d'éther, le mélange chauffé entre en ébullition à 80°; cette ébullition, continuée

---

application plus facile dans cette circonstance et parce que j'avais à opérer sur des mélanges d'éthers de densité différente et dont la séparation m'a paru présenter les plus grandes difficultés. La présence de l'éther sulfurique retarde le point d'ébullition de l'éther chlorhydrique; mais lorsqu'il se trouve dans ce mélange peu d'éther sulfurique, la présence de ce corps est difficile à constater sans avoir recours à la décomposition. Une distillation à température graduée ne permet pas d'opérer la séparation; l'éther sulfurique est entraîné par les vapeurs d'éther chlorhydrique; et les dernières portions d'éther qui distillent retiennent encore de l'éther chlorydrique; c'est ce dont il est facile de s'assurer en opérant sur un mélange des deux éthers préparés séparément. C'est sans doute là une des causes qui ont laissé tant d'incertitude dans les diverses opinions relativement aux produits de l'action de la chaleur sur les mélanges d'alcool et de chlorures éthérifiants. On s'explique encore facilement pourquoi les chimistes qui ont préparé l'éther chlorhydrique au moyen d'alcool et du perchlorure d'étain ont donné pour la densité de cet éther des chiffres moins élevés que ceux résultant des expériences de M. Thénard, sur l'éther chlorhydrique préparé au moyen de l'acide chlorhydrique. (*Gehlen's Journal*, *II*. 206 — *Mémoires d'Arcueil*, *I*. 115-140.

jusqu'à 170°, a toujours donné de l'eau et de l'alcool. Passé 170°, la matière s'épaissit et se boursoufle ; elle contient beaucoup d'oxide d'étain, mais aucune trace de protochlorure.

C

On fit un mélange de

	équivalents.	poids.
$Sn\,Cl_2$........	2	100
$C_4\,H_6\,O_2$......	1	17,93

La combinaison eut lieu avec dégagement de chaleur ; il se forma une abondante cristallisation de la combinaison alcoolique, mais une grande partie du perchlorure d'étain n'entra pas dans la combinaison ; on eût pu séparer la partie non combinée par décantation. Voici comment ce mélange se présente à l'action de la chaleur :

A 75° les cristaux se fondent dans l'excès de $Sn\,Cl_2$.

A 100° du $Sn\,Cl_2$ distille sans ébullition.

A 130° idem.

A 140° l'ébullition commence, il se vaporise du $Sn\,Cl_2$ et de l'acide Cl H.

A 150° il a été recueilli 1/5 environ du perchlorure d'étain employé.

A 160° il distille une combinaison visqueuse de $Cl_2\,Sn$ et de $C_4\,H_5\,Cl$.

A 170° le liquide qui distille se sépare en 2 couches ; la couche supérieure contient plus d'éther que la couche inférieure.

De 180 à 200° il distille encore un peu de la combinaison visqueuse et un peu d'huile qui se tient au fond. Dans tout le cours de la distillation il s'est dégagé très-peu d'éther chlorhydrique gazeux ; tout l'éther a été retenu par le chlorure.

En ajoutant de l'eau aux combinaisons de perchlorure d'étain et d'éther chlorhydrique, il y a élévation de température, et l'éther chlorhydrique se dégage avec une grande violence ; lorsque dans la combinaison la quantité d'éther combiné est grande (ce qui arrive pour les produits obtenus entre 160 et 180°), et qu'on évite l'élévation de température par le refroidissement artificiel, on peut obtenir un peu d'éther chlorhydrique liquide, qui vient nager à la surface, mais qui se vaporise ensuite par la seule chaleur de la main ; il ne m'a pas paru qu'il se fût formé aucune trace d'éther sulfurique dans cette expérience.

Par les trois expériences qui précèdent, il a été constaté que les éthers sulfurique et chlorhydrique ne se produisent libres par une distillation d'alcool absolu et de perchlorure d'étain qu'autant que la quantité d'alcool correspond au moins au poids d'un équivalent pour un équivalent de perchlorure.

Les essais suivants sont destinés à constater où s'arrête le pouvoir du perchlorure d'étain de former de l'éther libre avec l'alcool.

D

On fit un mélange d'alcool absolu et de perchlorure d'étain dans le rapport de 100 perchlorure et 44,50 alcool absolu. Le mélange convenablement refroidi se présente sous forme d'une pâte cristalline un peu liquide.

A 70° toute la masse était fondue.

A 100° il s'est dégagé un peu d'acide chlorhydrique.

A 145° l'ébullition a commencé, et il s'est produit de suite de $C_4\ H_5\ Cl$ mêlé de $C_4\ H_5\ O$.

A 150° idem.

A 160° idem.

A 170° un peu de Cl H passe avec $C_4\ H_5\ Cl$.

A 175° $C_4\ H_5\ Cl$ mêlé de $C_4\ H_5\ O$.

A 180° il passe des éthers chlorhydrique et sulfurique combinés à du chlorure ; ces combinaisons sont décomposées par leur volume d'eau.

A 190° encore combinaison éthérée cristallisant par refroidissement.

Dans cette expérience, sur 100 parties en volume d'alcool employé on a pu recueillir 44 parties d'éther, mais la distillation n'a pas été poussée jusqu'à la cessation de tout dégagement de la combinaison éthérée.

E

Dans l'expérience suivante on augmenta encore un peu la quantité d'alcool ; pour 100 de chlorure on employa 46,25 d'alcool absolu.

La masse pâteuse se liquéfie à 70°.

A 130° l'ébullition commence ; elle est vive à 140° et donne de suite de l'éther avec très-peu d'alcool. La distillation d'éther se poursuit jusqu'à 165°, alors il commence à distiller de la combinaison de $C_4 H_5 Cl$ et de $C_4 H_5 O$ avec du $Sn Cl_2$.

A 170° liquide sirupeux comme précédemment.

A 175° il passe un peu de Cl H avec la combinaison éthérée.

A 185° idem.

200° idem.

Vers la fin le liquide visqueux est très-acide et contient beaucoup d'eau ; il ne s'en sépare plus sensiblement d'éther par une nouvelle addition d'eau. Dans cette expérience, sur 100 parties en volume d'alcool il a été obtenu, tant en éther libre qu'en éther séparé par l'eau de sa combinaison avec du chlorure, 57 parties ; c'est jusques alors l'expérience qui a donné le plus d'éther.

F

On mit en contact :

	équivalents.	poids.
$Sn Cl_2$............	1	100
$C_4 H_6 O_2$.........	2	71,74

Il y eut élévation de température, cristallisation de la combinaison alcoolique par refroidissement ; à chaud cette combinaison se dissolvait dans l'excès d'alcool.

A 75° toute la masse était fondue.

A 120° il se manifesta une légère ébullition et il distilla un peu d'alcool anhydre.

A 130° même résultat.

A 140° encore de l'alcool.

A 150° encore de l'alcool en excès avec des traces d'éther.

A 165° tout l'alcool en excès s'étant échappé, l'éther a commencé à distiller. La quantité d'alcool séparée d'abord était de 17,37; c'est, à une légère fraction près, 1/4 de la quantité employée. La décomposition de l'alcool en éther a donc commencé au moment où l'alcool ne représentait plus que 3 équivalents d'alcool pour 2 équivalents de perchlorure d'étain : ce résultat coïncide parfaitement avec les résultats des expériences D et E, où l'éther a été produit sans distillation sensible d'alcool, en employant, pour 100 parties de chlorure, 44 et 46 parties d'alcool absolu. Or, les rapports de 2 équivalents perchlorure, pour 3 équivalents alcool sont exprimés par 52,70 alcool pour 100 de perchlorure.

Il est à remarquer, dans les résultats ci-dessus, que quoique la chaleur eût été poussée à dessein rapidement jusqu'à 165°, et que la formation de l'éther pût avoir lieu à des températures inférieures, il n'y a eu d'éther de produit qu'au moment où tout l'alcool excédant 3 équivalents pour 2 équivalents de perchlorure, eut été chassé. Le mélange de l'expérience F, chauffé au-delà de 165°, a donné les résultats suivants :

A 170° $C_4\ H_5\ Cl$ et un peu de $C_4\ H_5\ O$.

A 180° $Cl\ H$.

A 185° il distille une combinaison cristallisable par refroidissement et se décomposant par l'eau en un éther liquide formé exclusivement de $C_4\ H_5\ Cl$. Ainsi que nous l'avons dit, tout l'alcool s'était séparé dès 165°; à partir de ce point jusqu'à 180°, il a passé un liquide éthéré qui, mélangé avec son volume d'eau, a laissé dégager un peu d'éther chlorhydrique gazeux et il a surnagé de l'éther se maintenant liquide à la température ordinaire : à partir de ce point jusqu'à 185 ou 190° il s'est produit de la combinaison visqueuse qui a donné encore par l'eau un peu d'éther liquide, avec un grand dégagement d'éther chlorhydrique gazeux. La quantité totale d'éther obtenue était en volume de 34 pour cent, en déduisant de la quantité d'alcool employée la quantité qui a distillé d'abord sans avoir subi de décomposition. Cette quantité ne s'est pas élevée au chiffre de la précédente expérience, sans doute parce que l'alcool, dont une partie a distillé avec de l'éther, n'a pas permis la séparation totale de ce dernier.

Le résidu dans la cornue était d'une couleur jaunâtre et contenait beaucoup de peroxide d'étain, sans protochlorure.

Dans les trois dernières expériences l'éther obtenu en premier lieu consiste en grande partie en éther chlorhydrique et éther sulfurique libres; mais les produits obtenus au milieu et surtout vers la fin des distillations, et qui s'isolent par le contact de l'eau, consistent en éther chlorhydrique combiné avec du chlorure et de l'acide chlorhydrique. Ces produits demandent à être purifiés par une dissolution de potasse caustique; mais dans aucune circonstance la totalité de l'éther n'est séparée au moyen de l'eau de la combinaison éthérée; de là résultent des pertes inévitables, ce qui doit rendre nos approximations très-imparfaites.

G

La présence d'un peu d'eau n'empêche pas la production de l'éther par l'action du perchlorure d'étain sur l'alcool. Cette production eut lieu à la température de 150° dans une expérience que j'ai faite, en opérant avec un excès d'alcool. L'excès d'alcool s'est dégagé d'abord, puis un mélange d'éther chlorhydrique et d'éther sulfurique a distillé en même temps que de l'eau. J'ai reconnu même qu'avec un chlorure légèrement hydraté l'éther sulfurique s'obtenait plus facilement qu'avec un chlorure anhydre.

TABLEAU synoptique des résultats de l'action de la chaleur sur l'alcool en présence du perchlorure d'étain.

	Perchlorure d'étain en poids.	Alcool en poids.	Rapports des corps en contact. $SnCl_2 + C_4H_6O_2$.	Poids de l'alcool décomposé.	Éther en volume pour 100 volumes d'alcool décomposé.	OBSERVATIONS.
Expérience A	100	35,87	1+1	35,87	46	
» B	100	32,84	—	32,84	—	Peu d'éther libre.
» C	100	17,93	2+1	17,93	—	Pas d'éther libre. Il a distillé 1/5 en poids du perchlorure avant la décomposition de l'alcool.
» D	100	44,50	—	44,50	44	
» E	100	46,25	—	46,25	57	
» F	100	71,74	1+2	54,37	48	Il a distillé 17,37 d'alcool avant l'éthérification.

Il résulte des expériences précédentes que toutes les fois que le perchlorure d'étain est chauffé en contact avec l'alcool à une température qui dépasse 130 à 140°, il y a formation d'éther chlorhydrique, mêlé d'éther sulfurique ; que ces éthers ne se dégagent pas toujours à l'état de liberté, mais souvent, et surtout vers la fin de l'opération, à l'état de combinaison cristallisable avec le perchlorure d'étain ; que les proportions convenables pour produire le plus d'éther libre, sont celles de 1 équivalent perchlorure et 1 équivalent alcool, ou mieux celles de 3 équivalents perchlorure sur 4 équivalents alcool ; ou enfin deux équivalents perchlorure sur 3 équivalents alcool. En employant une plus grande quantité d'alcool que celle indiquée par la dernière proportion, une partie de l'alcool distille avant l'éthérification.

Toutes les fois que l'on augmente la quantité de perchlorure au-delà de 1 équivalent pour 1 équivalent alcool, ce ne fût-il que de 1/10.e, la production de l'éther libre diminue considérablement et surtout celle de l'éther sulfurique ; si la quantité de perchlorure s'élève à 2 équivalents pour 1 équivalent alcool, il distille d'abord un excès de perchlorure anhydre et l'éther n'est obtenu qu'à l'état de combinaison avec du perchlorure; cet éther paraît alors formé en totalité d'éther chlorhydrique.

D'après ces résultats, le composé alcoolique de perchlorure d'étain qui, par sa décomposition, donne le plus facilement de l'éther libre, est formé de 2 équivalents perchlorure et 3 équivalent alcool, ou de 1 équivalent perchlorure et 1 équivalent alcool, et par conséquent la réaction qui donne l'éther n'est pas facilement assimilable, quant aux proportions, à celle qui donne lieu à la formation d'éther sulfurique par l'action de l'acide sulfurique hydraté sur l'alcool, en supposant, comme cela est généralement admis, que l'éther résulte de la décomposition d'un bisulfate d'éther hydraté ou alcool (acide sulfovinique).

La réaction par le perchlorure d'étain peut se formuler ainsi:

$$2\ Sn'\ _{2} + 3\ C_4 H_6 O_2 = 2\ C_4 H_5 Cl + C_4 H_5 O + 2\ Cl\ H + 2\ Sn O_2 + H O.$$

Ou lorsqu'il se forme seulement de l'éther chlorhydrique :

$$2\ Sn\ Cl_2 + 2\ C_4 H_6 O_2 = 2\ C_4 H_5 Cl_2 + 2\ Cl H + 2\ Sn O_2.$$

Si nous examinons ces réactions sous le point de vue de la théorie de l'oxide d'éthyle, en tenant compte des réactions successives, nous voyons que 2 équivalents de perchlorure d'étain et 3 équivalents d'hydrate d'oxide d'éthyle se décomposent en 1 équivalent d'oxichlorure d'étain hydraté, 2 équivalents de chlorure d'éthyle et 1 équivalent d'oxide d'éthyle, soit :

$$2\ Sn\ Cl_2 + 3\ C_4 H_5 O + 3\ aq = Sn\ O_2,\ Sn\ Cl_2 + 3\ aq + 2\ C_4 H_5 Cl + C_4 H_5 O.$$

Et pour le second cas :

$2\,Sn\,Cl_2 + 2\,C_4\,H_5\,O + 2\,aq = Sn\,O_2\,,\; Sn\,Cl_2 + 2\,aq + 2\,C_4\,H_5\,Cl_2.$

Aux températures élevées, le $Sn\,O_2$, $Sn\,Cl_2$ se convertit en $2\,Sn\,O_2$, et $2\,Cl\,H$ par la décomposition de $2\,H\,O$.

§ 2. *Perchlorure de fer et alcool.*

L'alcool en contact avec le perchlorure de fer donne lieu à une grande élévation de température. Voici les résultats de l'action de la chaleur sur des mélanges de ces deux corps constitués en proportions différentes.

A

On mit en présence

	équivalents.	Poids.
$Fe_2\,Cl_3$...........	1	100
$C_4\,H_6\,O_2$.........	1	28,91.

Le mélange consistait en une masse épaisse à froid, un peu plus liquide à chaud.

A 90° l'ébullition a commencé et a donné de l'éther libre avec un peu d'acide chlorhydrique jusqu'à la température de 150°, époque à laquelle il a passé beaucoup d'acide avec l'éther.

A 160° la matière dans la cornue était sèche ; elle donna encore de l'éther et beaucoup d'acide.

A 170° le dégagement d'éther ayant cessé, il s'est échappé des torrents d'acide. Le résidu dans la cornue était sec ; il présentait un aspect cristallin et contenait encore une grande quantité de perchlorure de fer. La quantité d'éther obtenue dans cette expérience s'est élevée en volume à 73 d'éther pour 100 d'alcool ; l'éther était de l'éther chlorhydrique ; la présence de l'éther sulfurique n'a pas pu être bien constatée.

B

On a mis en contact :

	Équivalents.	Poids.
$F_2 Cl_3$............	1	100
$C_4 H_6 O_2$..........	2	57,82.

A 120° l'ébullition se manifeste un peu.

A 130° elle devient active et donne de l'éther chlorhydrique mêlé d'un peu d'éther sulfurique.

A 140° idem. Il distille en même temps une petite quantité de perchlorure de fer qui colore l'éther en jaune.

A 150° encore de l'éther.

A 155° la masse s'épaissit.

A 160° la masse est sèche; il commence à se dégager de l'acide chlorhydrique.

A 170° la matière dans la cornue est entièrement desséchée et ne donne plus que de l'acide chlorhydrique et un peu d'eau.

L'examen du résidu a fait connaître qu'il était composé de peroxide de fer et d'un petit excès de perchlorure de fer.

L'éther obtenu, agité avec de l'eau, s'est décoloré: c'était de l'éther chlorhydrique, mêlé d'un peu d'éther sulfurique, la quantité obtenue a été de 97 pour 100 de la quantité d'alcool employée.

C

Une autre expérience a été faite avec

	Équivalents.	Poids.
$F_2 Cl_3$............	1	100
$C_4 H_6 O_2$..........	4	115,65.

L'ébullition s'est manifestée à 75° et a donné de l'alcool pur jusqu'à la température de 140 à 145°, époque à laquelle de l'éther chlorhydrique et de l'éther sulfurique ont commencé à se produire;

A 150° $C_4 H_5 Cl$ et $C_4 H_5 O$;
A 160° id.
A 165° la masse s'épaissit et l'acide Cl H commence à paraître;
A 170° peu d'éther, de l'acide chlorhydrique et de l'eau en petite quantité;
A 180° encore un peu d'eau et de l'acide Cl H entraînant un peu de $Fe_2 Cl_3$.

La quantité d'alcool séparée s'élève à 58,54; c'est assez exactement la moitié de la quantité employée; l'éther chlorhydrique mêlé d'éther sulfurique, obtenu dans le cours de l'opératioa s'élève à 85 pour 100 du volume de l'alcool qui est entré dans la réaction, non compris, par conséquent, la partie de ce corps séparée dans les premiers temps de l'opération, et dont les dernières portions ont entraîné une petite quantité d'éther qu'il a été impossible de séparer.

D

J'ai soumis à la distillation un mélange de perchlorure de fer hydraté avec de l'alcool; les réactions ont été à peu près les mêmes; il s'est dégagé d'abord de l'alcool en excès; vers 140°, il s'est formé de l'éther chlorhydrique mêlé d'éther sulfurique : ce dernier paraissait même en plus grande quantité qu'en opérant avec le perchlorure anhydre; l'éther a distillé en mélange avec de l'eau; vers la fin de la réaction, l'éther a passé chargé d'un peu d'huile douce de vin; enfin l'opération s'est terminée par un dégagement considérable d'acide chlorhydrique et de vapeur d'eau.

Daus une expérience faite en employant un grand excès de perchlorure de fer anhydre, l'alcool a été décomposé et il s'est dégagé de l'éther hydrochlorique dès que le mélange a été chauffé à 90°.

D'après les expériences dont je viens de décrire les résultats, les proportions les plus favorables à l'éthérification sont 1 équivalent perchlorure et 2 équivalents alcool. Si l'on opère avec une plus petite quantité d'alcool, on n'obtient plus que de l'éther chlorhydrique sans éther sulfurique. La formation de ce dernier paraît facilitée par un peu d'eau. Les résidus provenant de la distillation des composés où il entre du chlorure anhydre consistent en peroxide de fer et souvent un excès de perchlorure de fer.

TABLEAU synoptique des résultats de l'action de la chaleur sur l'alcool en présence du perchlorure de fer.

	Perchlore de fer en poids.	Alcool en poids.	Rapports des corps en contact $Fe_2\ Cl_3 + C_4\ H_6\ O_2$.	Poids de l'alcool décomposé.	Éther en volume pour 100 volumes d'alcool décomposé.	OBSERVATIONS.
Expérience A	100	28,91	1+1	28,91	73	
» B	100	57,82	1+2	57,82	97	
» C	100	115,64	1+4	57,10	85	L'excès d'alcool a passé à la distillation avant l'éthérification.

Voici les équations qui me paraissent le mieux rendre compte des réactions produites dans les expériences qui concernent l'éthérification par le perchlorure de fer :

$$2\ Fe_2\ Cl_3 + 4\ C_4\ H_6\ O_2 = 3\ C_4\ H_5\ Cl + C_4\ H_5\ O + H\ O + 3\ Cl\ H + 2\ Fe_2\ O_3.$$

Et pour le cas où il ne se forme pas d'acide sulfurique :

$$2\ Fe_2\ Cl_3 + 3\ C_4\ H_6\ O_2 = 3\ C_4\ H_5\ Cl + 3\ Cl\ H + 2\ Fe_2\ O_3.$$

§ 3. *Perchlorure d'antimoine en alcool.*

Le perchlorure d'antimoine, en contact avec l'alcool absolu, donne lieu à une élévation considérable de température ; le liquide se colore en brun et ne cristallise pas par refroidissement; ayant soumis cette combinaison obtenue avec excès d'alcool à l'action de la chaleur, l'alcool s'est échappé d'abord, et vers la température de 140°, de l'éther chlorhydrique s'est produit en grande quantité, sans doute en mélange d'un peu d'éther sulfurique, mais je n'ai pas pu bien constater la présence de ce dernier éther. Le dégagement d'éther a cessé vers 170°, époque à laquelle il s'est formé beaucoup d'acide chlorhydrique. Dans le résidu il s'est trouvé de l'oxichlorure d'antimoine.

Dans une expérience faite avec un grand excès de perchlorure d'antimoine, l'éther chlorhydrique a commencé à se produire dès la température de 85°.

§ 4. *Chlorure d'arsenic et alcool.*

Il y a élévation de température par le contact de l'alcool absolu avec le chlorure d'arsenic ; l'action de la chaleur sur ce mélange ne m'a pas paru donner lieu à l'éthérification ; à 115° l'alcool a commencé à distiller, l'ébullition a cessé à 130° et n'a recommencé qu'à 180°, époque à laquelle il ne passait plus que du chlorure d'arsenic pur ; il ne reste pas de résidu en quantité notable. L'éthérification par le chlorure d'arsenic a été admise par différents auteurs. Mes résultats tendent à infirmer cette opinion.

§ 5. *Chlorure de zinc et alcool.*

Lorsqu'on emploie le chlorure de zinc anhydre et l'alcool absolu pour former la combinaison alcoolique, l'action de la chaleur sur ce composé ne donne pas aussi facilement de l'éther qu'en opérant avec les perchlorures d'étain et de fer, et ce n'est guère que de l'éther chlorhydrique que l'on obtient, tandis que lorsqu'on opère ave le chlorure légèrement hydraté, on obtient beaucoup d'éther sulfurique ; il est à remarquer cependant que dans toutes les expériences que j'ai faites avec ce chlorure, j'ai toujours obtenu, et dans tout le cours des opérations, de l'éther chlorhydrique en même temps que de l'éther sulfurique. Je signale cette circonstance, parce que M. Masson, dans un récent travail, qui lui a permis de constater la formation de l'éther sulfurique, n'a obtenu aucune trace d'éther chlorhydrique.

§ 6. *Chlorure d'aluminium et alcool.*

La combinaison de ce chlorure anhydre avec l'alcool absolu s'effectue avec élévation de température ; il en résulte un liquide visqueux, incolore ou jaunâtre.

En soumettant à la chaleur le produit préparé avec un excès d'alcool, l'alcool distille d'abord avec un peu de chlorure qui lui donne une odeur d'ail très-désagréable : vers 170°, le mélange dans la cornue se colore légèrement, et il se dégage de l'éther chlorhydrique jusqu'à une température de 200°, époque à laquelle il se forme beaucoup d'acide chlorhydrique. Le résidu dans la cornue contient de l'alumine en grande quantité.

III. ÉTHÉRIFICATION DE L'ALCOOL PAR LES FLUORURES.

§ 1. *Fluorure de bore et alcool.*

MM. Gay-Lussac et Thénard ont les premiers annoncé l'existence d'un éther formé par l'action du gaz fluoborique sur l'alcool (1) ; depuis, M. Desfosses a constaté que l'éther produit

(1) *Recherches physico-chimiques*, II, 39.

était l'éther sulfurique (1). Ces chimistes n'ayant pas opéré sur de l'alcool complètement anhydre, et n'ayant pas tenu note des températures auxquelles l'éthérification commençait, j'ai pensé qu'il entrait dans le cadre de mes recherches de combler cette lacune. Je fis donc absorber du gaz fluoborique par de l'alcool absolu ; la combinaison se produisit avec dégagement de chaleur, et le résultat fut un liquide incolore, fumant à l'air, ayant l'odeur du gaz fluoborique, odeur qui se perd par le contact de l'eau qui met l'alcool en liberté.

Voici les résultats de l'action de la chaleur sur ce composé.

A

Il entra en ébullition à 80° et il distilla jusqu'à 135° un liquide incolore consistant dans la combinaison alcoolique, brûlant avec une flamme verte et une abondante fumée blanche, et laissant un résidu brun noirâtre. Les premières portions passées contenaient un peu de fluorure de silicium ; aussi leur mélange avec l'eau laissa déposer un peu de silice en gelée transparente.

De 135° à 140°, il commença à distiller un composé liquide, incolore, brûlant également avec une belle flamme verte, en répandant une abondante fumée blanche, mais composé d'éther sulfurique et de fluorure de bore. Ce composé, en contact avec l'eau, perd son odeur acide et prend une odeur éthérée. Toutefois l'éther ne se sépare pas entièrement, et la séparation ne devient complète qu'en chauffant le mélange. L'addition d'une dissolution de potasse caustique donne lieu à un précipité gélatineux de fluorure de bore et de potassium.

La distillation du composé éthéré se poursuit jusqu'à 170°, époque à laquelle il passe une matière visqueuse qui s'attache au col de la cornue et qui paraît due à un commencement d'altération de l'éther. Dans la cornue il ne reste qu'une très-petite quantité de matière acide qui n'est qu'en partie soluble dans l'eau ; la partie insoluble a un aspect

(1) *Annales de Chimie et de Physique*, XVI, 72.

gélatineux et paraît consister en silice provenant du fluorure de silicium entraîné par le gaz fluoborique lors de sa préparation. Ainsi, la réaction du fluorure de bore sur l'alcool présente une analogie frappante avec celle des chlorures éthérifiants : l'alcool passe en éther vers 140° ; mais cet éther ne se dégage jamais libre. Pour l'obtenir, il est nécessaire de décomposer la combinaison de fluorure de bore et d'éther par l'eau.

B

Dans une autre expérience, on a arrêté la distillation à 155°, alors qu'il s'était déjà distillé en grande quantité de la combinaison éthérée, sans mélange d'alcool. Le produit renfermé dans la cornue était resté presque incolore. Je désirai m'assurer si ce produit consistait encore en une combinaison d'alcool et de fluorure, ou si la transformation de l'alcool en éther avait déjà eu lieu : en conséquence, j'y ajoutai une dissolution de potasse caustique. Le mélange s'échauffa considérablement, et il se dégagea aussitôt une très-grande quantité d'éther. Je procédai à la distillation du mélange et j'obtins d'abord beaucoup d'éther ; mais bientôt le dégagement d'éther a cessé, et il s'est distillé de l'alcool pur. Le résultat de cette expérience est remarquable en ce qu'il vient prouver que, dans ce cas d'éthérification, l'éther se forme dans la cornue avant son dégagement et par l'influence seule de la chaleur sur la combinaison alcoolique, qui passe à l'état d'une combinaison éthérée, par une soustraction d'eau qui donne naissance, suivant toute apparence, à du fluorhydrate de fluorure de bore et à de l'acide borique. Quant à la production d'alcool qui a lieu vers la fin de la distillation, on peut l'expliquer par deux moyens. Cette formation peut être attribuée à la décomposition par l'eau et la potasse d'une partie du composé alcoolique qui n'aurait pas encore été transformée en combinaison éthérée, ou en second lieu à la transformation de l'éther en alcool au moment où l'éther est déplacé de sa combinaison par l'eau. Le composé d'éther sulfurique et d'acide fluoborique serait, dans cette dernière hypothèse, assimilé, sous le rapport de cette production d'alcool, aux combinaisons d'éther sulfurique avec les acides organiques, lesquelles, comme on sait, donnent de l'alcool par la potasse.

On est facilement porté à adopter cette dernière opinion, mais on se demande cependant pourquoi dans cette décomposition par l'eau une portion seulement de l'éther se dégage à l'état d'alcool. Les deux expériences suivantes viennent en outre jeter une grande incertitude dans la question et commandent une certaine réserve.

C

On opéra une distillation avec de l'alcool absolu saturé de gaz fluoborique. La combinaison était très-dense et un peu colorée en jaune. L'ébullition commença à 140° seulement et aussitôt la combinaison éthérée a distillé. On poussa la chaleur jusqu'à 160°, où elle fut maintenue quelque temps. On ajouta ensuite de l'eau au résidu resté dans la cornue, et aussitôt il s'est dégagé une grande quantité d'éther qui fut séparé par la distillation du mélange et l'on n'obtint pas une quantité sensible d'alcool. Les premières gouttes d'eau ajoutées ont déterminé la séparation d'un peu d'huile.

D

Dans le but d'étayer la dernière hypothèse d'un résultat confirmatif, j'ai décomposé par l'eau une combinaison d'éther sulfurique et de fluorure de bore préparée directement avec le gaz fluoborique et l'éther : le produit élimininé par décomposition consistait en éther pur, il ne renfermait pas une trace d'alcool.

Il paraît difficile de se refuser à l'opinion que le composé éthéré n'est pas formé au moment du contact de l'alcool avec le gaz fluoborique, mais successivement et seulement à l'aide d'une température d'au moins 135 à 140°. Ce composé, formé par le fluorure de bore, se vaporise ensuite, mais il arrive une époque de la distillation où la cornue renferme un mélange de combinaison alcoolique et de combinaison éthérée.

Les résultats de l'éthérification de l'alcool par le perchlorure d'étain diffèrent de ceux obtenus avec le fluorure de bore, sous ce rapport que ce dernier corps éthérifiant ne donne pas d'éther libre, mais seulement une combinaison de fluorure de bore et d'éther, tandis que le perchlorure d'étain donne de l'éther libre lorsque la quantité d'alcool est suffisante ; mais une différence plus importante se remarque, c'est qu'après qu'il a distillé pendant quelque temps de l'éther ou de la combinaison éthérée de chlorure d'étain, le produit dans la cornue ne donne pas d'éther par l'eau ; dans une seule circonstance, au moment de l'addition de l'eau, j'ai senti une faible odeur éthérée. Par l'action de la chaleur sur le mélange aqueux, il distille de l'alcool, et nous venons de voir que lorsqu'on opère avec le gaz fluoborique, le produit renfermé dans la cornue peut être entièrement transformé en combinaison éthérée et ne donner que de l'éther. Voici la seule explication que j'aie pu trouver pour justifier cette différence : elle me paraît reposer sur le degré de volatilité des deux composés éthérés. Le perchlorure d'étain éthéré, préparé directement, se vaporise à 80°, tandis que le composé de fluorure de bore et d'éther préparé de même, ne distille que passé 135° et peut ne pas s'échapper aussi facilement dès qu'il est produit.

§2. *Fluorure de silicium et alcool.*

La propriété du fluorure de silicium de transformer l'alcool en éther, a été signalée par plusieurs auteurs ; cette opinion est-elle le résultat d'expériences directes et confirmatives, ou est-elle née de la grande analogie qu'il y a entre ce fluorure et le fluorure de bore : c'est ce que je ne saurais décider. J'ai fait avec le fluorure de silicium plusieurs expériences, en opérant de la même manière que j'ai opéré pour les expériences précédentes ; la dissolution alcoolique s'est toujours formée avec dégagement de chaleur ; le liquide est entré en ébullition à 80°, et a distillé, sans altération ; la température a été successivement portée à 150 ou 160°, et le produit de la distillation a toujours été le même ; c'était le composé alcoolique sans altération, brûlant avec une flamme rougeâtre, en répandant d'abondantes vapeurs blanches, et donnant lieu à un dépôt de silice. Ce composé est décomposable par l'eau et mieux par une dissolution de potasse, donnant toujours de l'alcool, jamais une trace d'éther (1). Dans la cornue ne reste qu'une petite quantité de silice dont la formation a été facilitée sans doute par quelques traces d'eau.

Les résultats de mes expériences, me font douter qu'il ait jamais été obtenu de l'éther par l'action du gaz fluosilicique sur l'alcool. Il en est sans doute de cette production comme de celle d'un éther fluorhydrique indiqué par Schéele et Gehlen, et qui n'a pas été reproduit (2).

TROISIÈME PARTIE.

I. ÉTHÉRIFICATION DE L'ESPRIT DE BOIS PAR LES CHLORURES.

§ 1. *Perchlorure d'étain et esprit de bois.*

A

En premier lieu 1 équivalent de perchlorure d'étain et 1 équivalent d'esprit de bois anhydre, soit 100 perchlorure et 24,87 esprit de bois, avaient été mis en présence, mais une assez grande quantité de perchlo-

---

(1) D'après une communication de M. Liebig, ce célèbre chimiste a également essayé en vain de produire de l'éther au moyen du fluorure de silicium.

(2) Je crois utile de noter, à l'occasion de ces diverses expériences sur l'alcool absolu, que la rectification de l'alcool du commerce au moyen de la chaux donne souvent un produit chargé de beaucoup d'ammoniaque, provenant sans doute de l'acétate d'ammoniaque entraîné lors de la distillation des vins, et que dès lors il devient nécessaire de procéder à une distillation de l'alcool ammoniacal, après saturation de l'ammoniaque par de l'acide sulfurique ou phosphorique. La distillation s'opérant au bain marie, ces acides, alors même qu'ils seraient en assez grand excès, ne sauraient donner lieu à l'éthérification.

rure d'étain étant restée libre et à l'état liquide, on a ajouté 1 équivalent d'esprit de bois.

Il a donc été employé

	Équivalents.	Poids.
$Sn\,Cl_2$	1	100
$C_2\,H_4\,O_2$	2	40,74

Ce mélange, soumis à l'action d'une température graduée, donne les résultats suivants :

A 90° un commencement d'ébullition se manifeste.

A 100° l'ébullition est forte, il se dégage de l'éther méthylhydrochlorique non condensable par le refroidissement à 0°.

A 120° il commence à distiller un peu d'un liquide incolore.

A 130° idem.

A 135° le liquide condensé jusqu'alors représentait 12 0/0 du volume de l'esprit de bois employé ; ayant été mêlé à l'eau, il s'en est séparé environ moitié en volume d'un liquide éthéré. Après la séparation de l'éther, le liquide aqueux a été mêlé à de la dissolution de potasse qui a saturé un peu d'acide chlorhydrique dissous, et a précipité du peroxide d'étain provenant du chlorure entraîné à l'état de combinaison avec l'éther.

Le liquide éthéré obtenu ne bout que vers 60° ; il est très-inflammable, et brûle avec une flamme blanche un peu verdâtre sur les bords. J'attribue cette teinte verte à un peu d'éther méthylhydrochlorique qu'il a retenu. Placé sur la main, il y détermine une forte sensation de froid.

A 140° la matière renfermée dans la cornue s'épaissit. L'ébullition se manifeste par de petits bouillons qui se présentent à l'œil sous forme de perles irisées. Il se dégage beaucoup d'acide chlorhydrique.

A 150° $C_2\,H_3\,Cl + Cl\,H$.

A 160° idem idem.

Il s'est condensé encore jusqu'ici 7 °/₀ du volume de

l'esprit de bois employé, d'un liquide qui, mélangé à son volume de dissolution de potasse a laissé surnager 2 °/₀ du volume de l'esprit de bois d'éther méthylique liquide à la température ordinaire.

A 175° on avait recueilli un produit liquide qui, par son mélange avec une dissolution de potasse, a donné lieu à un précipité d'oxide d'étain, et au dégagement d'un peu de vapeur d'éther méthylhydrochlorique, mais on n'a plus obtenu d'éther liquide.

Le résidu consiste en une masse brune boursouflée, qui a cédé à l'eau beaucoup de protochlorure d'étain, mais il est resté une matière poisseuse insoluble, retenant encore une partie de ce chlorure.

B

On mit en présence :

	Équivalents.	Poids.
$Sn\,Cl_2$.......	1	100
$C_2\,H_4\,O_2$.....	4	99,48

A 80° la masse liquide entre en ébullition ; il distille d'abord environ la moitié de l'esprit de bois employé, sans une trace d'éther.

A 120° pas d'éther encore, la masse s'épaissit.

A 125° avec de l'esprit de bois il distille un peu d'éther méthylique liquéfiable, qui vient à la surface lorsqu'on étend d'eau le produit distillé ou qu'on y mêle une dissolution de potasse ; par cette dernière addition il se dégage aussi un peu d'éther méthylhydrochlorique en vapeur.

A 130° $C_2\,H_3\,Cl_2$ gazeux, et un peu d'éther liquide à la température ordinaire.

A 140° idem.

A 150° du produit condensé, il se sépare encore par l'eau un peu d'éther liquide ; ce produit contient beaucoup de chlorure et d'acide Cl H.

A 160° il ne passe plus d'éther ; le liquide qui distille contient du chlorure et beaucoup d'acide ; par son mélange avec l'eau il se sépare quelques gouttelettes d'huile.

Le résidu dans la cornue consiste, comme dans l'expérience précédente, en une matière poisseuse brune et en protochlorure d'étain.

C

Une autre expérience a été faite avec le perchlorure d'étain en employant les proportions suivantes :

	Équivalents.	Poids.
$Sn\,Cl_2$.......	1	100
$C_2H_4\,O_2$.....	3	74,61

L'ébullition a commencé à 100°

Jusqu'à 125° environ, il s'est dégagé de l'esprit de bois, mais de 125° à 140°, l'esprit de bois était mêlé d'éther méthylhydrochlorique et d'éther méthylique séparable à l'état liquide par le mélange du produit condensé avec de l'eau.

A 145° éther méthylhydrochlorique et acide hydrochlorique.

A 155° mêmes produits ; le bouillon prend un aspect irisé.

A 160° il se sépare du liquide condensé un peu de carbure huileux.

Le résidu contient du protochlorure d'étain.

D

On employa une plus grande quantité de perchlorure d'étain que dans l'expérience A.

L'ébullition eut lieu vers 110°

A 120° il passa un peu d'éther méthylhydrochlorique et de l'acide chlorhydrique.

A 130° il distilla une combinaison de perchlorure d'étain et d'éther méthylhydrochlorique cristallisant en tables rhomboïdales.

Cette distillation continua jusqu'à 180°; à partir de ce point il s'est formé beaucoup d'acide et un peu d'huile.

Il est à remarquer que dans cette distillation il ne s'est pas formé d'éther condensable à la température ordinaire. Si au moment où la combinaison éthérée cristallisable commence à distiller on ajoute dans la cornue un peu d'eau, il y a une grande élévation de température, et en continuant la distillation il se dégage beaucoup d'éther méthylhydrochlorique non condensable et un peu d'éther méthylique qui se sépare à l'état liquide du produit distillé lorsqu'on mélange ce dernier avec de l'eau.

§ 2. *Perchlorure de fer et esprit de bois.*

A

Il a été mis en contact :

	Équivalents.	Poids.
$Fe_2\ Cl_3$.......	1	100
$C_2\ H_4\ O_2$......	2	40,14

Le mélange s'est fait avec élévation de température, le liquide était épais, visqueux.

A 80° ébullition, dégagement d'éther méthylhydrochlorique non condensé à 0°, sans trace d'esprit de bois.
A 90° id., la matière s'épaissit davantage.
A 100° vapeurs de $C_2\ H_3\ Cl$ avec un peu d'acide Cl H.
A 110° id., id.
A 120° il commence à distiller un peu de liquide incolore.
A 130° id.

La quantité de liquide recueillie jusqu'ici s'est élevée à 18 °/₀ en volume de la quantité d'esprit de bois employée ; l'addition d'un peu d'eau au liquide a fait séparer une matière éthérée moins pesante que l'eau, mais en petite quantité. Cet éther liquide a une odeur méthylique, s'enflamme facilement, même à une certaine distance, et brûle avec une flamme blanche ; c'est le même produit que l'éther liquide obtenu par le perchlorure d'étain.

L'addition de la potasse au mélange aqueux en a chassé une grande quantité de vapeurs de $C_2 H_3 Cl$ retenues sans doute par de l'acide Cl H.

La combinaison d'esprit de bois et de perchlorure de fer chauffée à 140° n'a plus donné que peu de $C_2 H_3 Cl$, mais beaucoup de Cl H.

A 142° plus une trace d'éther.

On a recueilli encore successivement 33 °/₀ du volume de l'esprit de bois employé d'un liquide très-acide et ne contenant plus une quantité notable d'éther. Il s'en sépare seulement par l'eau des traces d'une huile jaunâtre. Le résidu, chauffé jusqu'à 150°, consistait en une masse grise d'apparence métallique, ne contenant plus de perchlorure de fer ; il était formé de charbon et de protochlorure de fer pur.

B

Une autre expérience a été faite en employant les proportions suivantes :

	Équivalents.	Poids.
$Fe_2 Cl_3$	1	100
$C_2 H_4 O_2$	4	80,28

L'ébullition a commencé à 80°.

Il a distillé d'abord de l'esprit de bois, et vers 120° un mélange d'esprit de bois et d'éther.

La quantité de liquide recueilli jusqu'à 120° s'élève en volume à 39 pour 100 de la quantité d'esprit de bois employé ; ce liquide, mêlé avec son volume d'eau, laisse séparer un peu d'éther brûlant avec une flamme blanche; la potasse ajoutée au mélange aqueux, en sépare un peu de $C_2 H_3 Cl$ en vapeur.

A 130° il se dégage des vapeurs de $C_2 H_3 Cl$.

A 140° idem.

A 145° $C_2 H_3 Cl$ et $Cl H$.

A 150° idem. A partir de 120° jusqu'à ce point le produit condensé représente 37 pour 100 en volume de l'esprit de bois employé. C'est un liquide incolore qui, mêlé à l'eau, laisse séparer un peu d'huile qui vient à la surface; la potasse sépare du liquide aqueux du $C_2 H_3 Cl$, qui paraît avoir été fixé par l'acide $Cl H$.

A 155° l'éther diminue, l'acide augmente.

A 160° il ne se dégage plus que de l'acide et des traces seulement d'éther.

170° à 200°, acide et eau.

Le résidu dans la cornue était sec, d'une couleur grisâtre comme le précédent; tout le perchlorure de fer était transformé en protochlorure; ce dernier était mêlé de beaucoup de charbon.

C

En opérant une distillation avec un grand excès de perchlorure de fer, le mélange a commencé à bouillir à 50° et a donné de suite du gaz méthylhydrochlorique et de l'acide chlorhydrique; l'acide a successivement augmenté en quantité, à 160° il ne passait plus de gaz inflammable; à 250° l'acide était accompagné d'un peu d'huile. Il n'a pas été obtenu une trace d'éther liquide.

§ 3. *Perchlorure d'antimoine et esprit de bois.*

Le perchlorure d'antimoine a une action des plus énergiques sur l'esprit de bois, au moment du contact, le mélange se colore et se met en ébullition, quoique le vase où il est produit soit entouré de glace et de sel marin.

Voici les résultats de l'action de la chaleur sur la combinaison constituée en présence d'un petit excès d'esprit de bois.

A 75° l'ébullition commence, il passe un peu d'esprit de bois.

A 100° il se produit déjà des vapeurs de $C_2 H_3 Cl$ et un peu d'acide

Cl.H. Les résultats sont les mêmes jusqu'à 160°; l'éther qui distille est combiné à du perchlorure d'antimoine et à de l'acide chlorhydrique. Ces combinaisons sont détruites, au moins partiellement, par un peu d'eau; de l'éther méthylique condensable à 0° vient nager à la surface.

A 160° il ne passe plus d'éther condensable à 0°, mais de l'éther méthylydrochlorique gazeux et beaucoup d'acide chlorhydrique.

A 170° le liquide distillé, mêlé à de l'eau donne lieu à la séparation d'un peu d'huile et il se forme de l'oxichlorure d'antimoine.

A 200° il ne passe que de l'acide chlorhydrique et du perchlorure d'antimoine combiné à un carbure huileux. Le résidu dans la cornue est formé en partie de protochlorure d'antimoine.

D'après tous ces résultats, l'action qu'exercent certains chlorures sur l'esprit de bois présente une analogie frappante avec celle qu'ils exercent sur l'alcool; il se forme également deux éthers distincts lorsque le chlorure éthérifiant ne domine pas, et seulement un éther chlorydrique lorsqu'il domine. Ces éthers se dégagent également le plus souvent à l'état de combinaison avec les chlorures, dont ils sont séparés par l'eau. L'éthérification de l'esprit de bois a eu lieu généralement à des températures moins élevées que celle de l'alcool; quant au produit éthéré condensable à la température ordinaire, il se produit de 120 à 130°, et diffère essentiellement par une partie de ses propriétés de l'éther méthylique obtenu par l'action de l'acide sulfurique hydraté sur l'esprit de bois; il a probablement la même composition que ce dernier, qui, d'après MM. Dumas et Boullay, n'est pas condensé encore à 16°—0. L'examen de ce composé est loin d'être complété; je n'ai pu me livrer encore aux essais analytiques nécessaires pour être bien fixé sur sa nature.

Il est une circonstance à noter, c'est que toujours l'esprit de bois se colore en brun par l'action des chlorures, et qu'il laisse après les distillations un résidu d'un aspect résineux, ou, lorsqu'on opère avec le perchlorure de fer, du charbon en grande quantité. Avec l'esprit de bois, les chlorures sont tous ramenés à l'état de protochlorure, ce qui n'a pas lieu avec l'alcool.

II. ÉTHÉRIFICATION DE L'ESPRIT DE BOIS PAR LES FLUORURES.

§ 1. *Fluorure de bore et esprit de bois.*

L'esprit de bois anhydre, de même que l'alcool, absorbe une grande quantité de gaz fluoborique ; le produit de cette dissolution est coloré en brun rouge, il fume à l'air et il s'en sépare lentement un peu d'une manière gélatineuse insoluble dans l'eau, mais soluble dans une dissolution de potasse caustique. C'est de la silice provenant d'un peu de fluorure de silicium, qui s'est dégagé en même temps que le fluorure de bore, la préparation de ce dernier ayant eu lieu par l'action de l'acide sulfurique sur le spath-fluor et l'acide borique.

Voici les résultats de l'action de la chaleur sur ce composé :

A 70° il se dégage quelques bulles de gaz fluoborique.

A 80° l'ébullition commence.

A 100° il distille une combinaison d'esprit de bois et de fluorure de bore.

Cette combinaison brûle avec une flamme verte; elle est décomposée par l'eau, et l'esprit de bois se sépare de sa combinaison, mais reste en dissolution dans le liquide acide. Il se précipite aussi un peu de silice.

A 130° il commence à se dégager des vapeurs non condensables à la température de 15°, mais condensables à 0°.

Ces vapeurs brûlent avec une flamme verte et répandent en brûlant une abondante fumée blanche ; elles consistent en une combinaison d'éther méthylique avec le chlorure de bore ; on en sépare l'éther par l'action de l'eau, ou mieux d'une dissolution de potasse. L'éther isolé brûle avec une flamme bleue rougeâtre.

A 150° il distille une matière blanche gélatineuse et du gaz éthéré libre, qui peut être liquéfié par un mélange de glace et de sel marin.

De 160 à 170° le dégagement de vapeur éthérée diminue.

De 175 à 200° il distille une matière huileuse et une combinaison acide d'un blanc jaunâtre et d'un aspect gélatineux, qui, par l'action de l'eau ou de la potasse caustique, donne lieu au dégagement d'une grande quantité de vapeur méthylique.

§ 2. *Fluorure de silicium et esprit de bois.*

L'esprit de bois n'absorbe que peu de gaz fluosilicique. La chaleur chasse d'abord de cette dissolution l'excès de fluorure, puis il distille une combinaison d'esprit de bois avec de l'acide fluosilicique. L'action de l'eau sur le composé distillé en sépare de la silice à l'état de gelée et de l'esprit de bois qui reste dissous. Le produit qui distille vers la température de 120° est un peu coloré en jaune; par l'eau il donne de l'esprit de bois et pas d'éther. A 135° il distille encore un peu du composé d'esprit de bois coloré en fauve, et en même temps de l'huile sans éther; à 150° il passe du carbure huileux seulement.

Les résultats de cette expérience sont conformes à ceux observés en étudiant l'action du gaz fluosilicique sur l'alcool; ils tendent à nous confirmer dans l'opinion que le fluorure de silicium n'est pas susceptible de déterminer l'éthérification.

QUATRIÈME PARTIE.

ÉTHÉRIFICATION PAR LES ACIDES ANHYDRES.

§ 1. *Acide sulfurique et alcool.*

L'action de l'acide sulfurique anhydre sur l'alcool absolu a été l'objet d'un travail fort remarquable de M. Magnus. Cet habile chimiste a fait connaître que l'alcool saturé d'acide sulfurique anhydre, et soumis ensuite à une température graduée, ne donne pas une trace d'éther ; mais qu'il résulte, du contact de ces deux corps, la formation d'un acide déjà entrevu par Sertuerner, l'acide éthionique. Mes expériences concernant l'action des chlorures anhydres sur l'alcool ayant fait ressortir toute l'influence qu'exerce, dans tous les cas d'éthérification, la proportion des corps mis en présence, j'ai voulu m'assurer si dans aucun cas l'acide sulfurique anhydre ne pouvait donner d'éther en présence de l'alcool absolu. Je fus conduit à faire une série d'expériences en variant les proportions des corps mis en contact comme je l'avais fait pour l'éthérification par les chlorures et les fluorures électro-négatifs.

A

Corps mis en contact :

	Équivalents.	Poids.
$S\,O_3$.......	1	100
$C_4\,H_6\,O_2$....	1	115,85

Action de la chaleur :

A 120° il distille un peu d'alcool sans ébullition.
A 130° id. id.
A 135° l'ébullition commence, alcool et éther.
A 140° éther pur, dont le dégagement a continué jusqu'à 175°.
A 175° il commence à se produire de l'acide sulfureux et une matière visqueuse et incolore donnant de l'huile douce par son contact avec l'eau.

Au commencement de l'opération jusque vers 140°, il avait distillé 21,23 d'alcool contenant un peu d'éther dont la séparation n'a pu avoir lieu par son mélange avec l'eau. On a pu recueillir ensuite 23 d'éther. Comme dans cette opération il s'est décomposé 94,62 d'alcool, le reste ayant distillé avant l'éthérification, la quantité d'éther obtenue représente 24,30 pour 100 en poids de la quantité d'alcool qui est entrée dans la réaction (1).

B

Corps mis en contact :

	Équivalents.	Poids.
$S O_3$.........	4	100
$C_4 H_6 O_2$.......	3	86,88

Le mélange se fait avec dégagement de chaleur, le produit consiste en un liquide visqueux incolore, non cristallisable, même à la température de — 10°.

Action de la chaleur :

A 130° quelques bouillons se manifestent.

A 140° l'ébullition augmente ; il se produit de suite de l'éther, cette production continue jusqu'à la température de 175 à 180°.

A 180° l'éther diminue et il se produit un peu d'acide sulfureux.

A 200° gaz oléfiant ; il distille un liquide visqueux acide qui paraît consister en une combinaison de carbure d'hydrogène avec l'acide sulfurique, car par le contact de l'eau il s'en sépare de l'huile douce.

La quantité d'éther obtenue dans cette expérience fut de 44,25 pour 100 d'alcool décomposé.

C

Corps mis en contact :

	Équivalents.	Poids.
$S O_3$..........	1	100
$C_4 H_6 O_2$.......	2	231,70

(1) Une seule espèce d'éther étant produite, on a pu, dans ces expériences, déterminer en poids les rapports de la qualité d'éther obtenue à la quantité d'alcool décomposte.

L'ébullition commença à 120°, et jusqu'à 135°, il a distillé 131,85 alcool pur ; à partir de 135°, il a passé de l'éther dont le dégagement a continué jusqu'à 170°, époque à laquelle a commencé à se produire un peu d'acide sulfureux et de gaz oléfiant avec une matière visqueuse donnant de l'huile douce par son contact avec l'eau. La quantité d'alcool qui s'est séparée sans altération peut former un peu plus de la moitié de l'alcool employé : la quantité d'éther produite s'élève à 24 pour 100 de la quantité d'alcool décomposée ; les résultats ont donc été exactement les mêmes que si l'on n'avait employé que 1 équivalent d'alcool.

D

Les trois expériences précédentes ayant fait voir que dans la distillation opérée avec 1 équivalent d'alcool et 1 équivalent d'acide sulfurique il se sépare d'abord une certaine quantité d'alcool, et que la quantité de ce corps qui entre dans la réaction reste la même lorsqu'on emploie 2 équivalents d'alcool au lieu de 1, mais que la quantité d'éther augmente en augmentant la quantité d'acide ; je fus conduit à examiner jusqu'à quel point l'augmentation de la quantité d'acide était favorable à l'éthérification.

On mit en contact :

	Équivalents.	Poids.
SO_3..........	3	100
$C_4H_6O_2$.......	2	77,23

Résultats de l'action de la chaleur :

A 140° éther sans distillation préalable d'alcool.
A 150° idem.
A 160° éther, un peu de gaz oléfiant.
A 170° gaz oléfiant et acide sulfureux.
180 à 200 acide sulfureux, distillation d'huile et d'eau.

La quantité d'éther obtenue dans cette expérience fut de 12,79 ; soit 16,15 pour 100 de la quantité d'alcool employée.

E

On augmente la quantité d'acide au point de la porter à 2 équivalents pour 1 équivalent d'alcool.

Corps en présence :

	Équivalents.	Poids.
$S\,O_3$..........	2	100
$C_4\,H_6\,O_2$.......	1	57,92

Action de la chaleur :

A 120° il s'est manifesté une légère ébullition due au dégagement d'un peu d'acide sulfureux.
A 140° l'ébullition a augmenté et il s'est dégagé beaucoup d'acide sulfureux et très-peu de gaz inflammable.
A 150° il s'est condensé un liquide visqueux très-acide donnant de l'huile par son mélange avec l'eau.
A 160° gaz oléfiant et acide sulfureux.
A 170° idem. idem.
A 180° la matière visqueuse distille en grande quantité ; par l'eau il s'en sépare une huile parfaitement incolore.
A 200° la matière renfermée dans la cornue se boursoufle.
A aucune époque de l'opération il ne s'est formé d'éther.

F

Des résultats analogues sont obtenus en augmentant davantage encore la quantité d'acide sulfurique. Ainsi un mélange formé dans les proportions indiquées par 4 équivalents d'acide pour 1 équivalent d'alcool consistait en un liquide légèrement fumant, dans lequel il se formait des cristaux d'acide sulfurique anhydre par le refroidissement à 0°.

Ce liquide commença à bouillir à 130°, il s'en est séparé de l'acide sulfureux, du carbure d'hydrogène gazeux sans trace d'éther. A 180° la masse renfermée dans la cornue s'est boursouflée. Vers la fin de la réaction, il a distillé également une matière butyreuse ou visqueuse qui contenait du carbure huileux, séparable au moyen de l'eau. Au moment de l'addition d'eau, il se dégage beaucoup d'acide sulfureux.

Lorsqu'on élève encore la quantité d'acide sulfurique anhydre, une portion de ce dernier distille avant la décomposition de l'alcool en gaz oléfiant.

Les différents résultats obtenus par l'action de l'acide sulfurique anhydre sur l'alcool absolu sont consignés sur le tableau suivant :

***TABLEAU** synoptique des résultats de l'action de la chaleur sur l'alcool absolu en présence de l'acide sulfurique anhydre.*

	Poids de l'acide sulfurique.	Poids de l'alcool.	Rapports des corps mis en présence. $SO_3 + C_4 H_6 O_2$.	Poids de l'alcool décomposé.	Poids de l'éther pour 100 d'alcool décomposé.	OBSERVATIONS.
Expérience A	100	115,85	1 + 1	94,62	24,30	L'excès d'alcool a distillé d'abord.
» B	100	86,88	4 + 3	86,88	44,25	
» C	100	231,70	2 + 1	99,75	24	L'excès d'alcool a distillé d'abord.
» D	100	77,23	3 + 2	77,23	16,13	
» E	100	57,02	2 + 1	57,02	—	
» F	100	28,96	4 + 1	28,96	—	

Il est bien démontré, par les résultats consignés sur ce tableau, que l'action de la chaleur sur un mélange d'acide sulfurique anhydre et d'alcool constitué, dans le rapport de 1 équivalent à 1 équivalent, donne naissance à de l'éther; que la quantité d'éther augmente en employant l'acide dans une plus forte porportion, en s'arrêtant toutefois à la limite de 4 équivalents d'acide pour 3 équivalents d'alcool. Une plus grande quantité d'acide fait diminuer progressivement la quantité d'éther, et lorsque la quantité d'acide est représentée par 2 équivalents pour 1 équivalent d'alcool, il ne se produit plus une trace d'éther.

En présence de ces résultats, il est nécessaire d'admettre que la présence de l'eau dans la réaction de l'acide sulfurique sur l'alcool exerce une puissante influence et fait modifier les proportions des corps qu'il faut mettre en présence pour obtenir l'éther ; sans quoi l'on s'expliquerait difficilement comment on a été conduit à considérer l'éther comme le produit de la décomposition d'un bisulfate (acide sulfovinique). Si la présence de l'eau n'exerçait aucune influence, on ne devrait pas obtenir d'éther en chauffant, comme l'indique M. Liebig (1), un mélange de cinq parties d'alcool à 90° c. avec neuf parties d'acide sulfurique hydraté, ce qui représente deux parties d'acide sulfurique hydraté pour une partie d'alcool anhydre.

L'expérience suivante vient démontrer l'influence de l'eau dans la réaction.

On a mêlé

	Équivalents.	Poids.
$SO_3\,HO$.......	2	100
$C_4\,H_6\,O_2$........	1	47,32

Action de la chaleur :

L'ébullition commença à 140°, et donna de suite de la vapeur d'éther; ce dégagement d'éther s'est maintenu jusqu'à 165° ; à partir de cette époque, il s'est dégagé beaucoup d'acide sulfureux, de l'huile, du gaz oléfiant et de l'eau.

A 180° la matière contenue dans la cornue s'est boursouflée.

La quantité d'éther recueillie s'est élevée à 22 pour 100 d'alcool décomposé.

Ce résultat me paraît prouver jusqu'à l'évidence que, dans l'acide sulfurique hydraté, les propriétés de l'acide sont en partie neutralisées par l'eau, et que, par conséquent, son énergie d'action sur l'alcool est moins considérable. Dans cette circonstance, le rôle de l'eau comme élément électro-positif ne me paraît pas sujet à contestation.

---

(1) Préparation de l'éther ; *Handbuch der Pharmacie von Geiger* I, 696.

§ 2. *Acide phosphorique anhydre et alcool.*

L'alcool absolu forme avec l'acide phosphorique anhydre, préparé par la combustion du phosphore dans l'oxigène sec, un liquide sirupeux ; la dissolution s'effectue avec un grand dégagement de chaleur. Par la distillation de ce liquide, lorsqu'il est préparé avec un excès d'acide, on n'obtient ni alcool ni éther, mais du gaz oléfiant.

On fit dissoudre dans de l'alcool absolu de l'acide phosphorique anhydre en maintenant un excès d'alcool ; voici les résultats de l'action de la chaleur sur cette dissolution :

A 80° ébullition : il se dégage de l'alcool et ce dégagement continue jusqu'à 140° ; à cette époque de l'opération l'ébullition s'est arrêtée jusque vers 175° ; température à laquelle il s'est formé une très-petite quantité d'éther.

De 175 à 200° gaz oléfiant ; il distille aussi un peu d'un produit visqueux très-acide, ne précipitant pas par l'eau de baryte.

La production de l'éther par l'acide phosphorique anhydre ne parait s'effectuer que très-difficilement ; dans tout le cours de l'opération, le liquide renfermé dans la cornue reste incolore.

§ 3. *Acide sulfurique anhydre et esprit de bois.*

L'acide sulfurique anhydre se dissout dans l'esprit de bois absolu avec un grand dégagement de chaleur ; le liquide se colore en rouge brun. La distillation du composé, préparé avec un excès d'esprit de bois, donne des résultats analogues à ceux que donne l'acide sulfurique anhydre avec l'alcool.

L'ébullition commence à 70° ; il distille de l'esprit de bois jusqu'à la température de 135°, époque à laquelle de l'éther méthylique se produit en très-grande quantité ; cet éther est difficilement condensé, même à une très-basse température. A 160° il passe à la distillation un peu d'huile; à 185° acide sulfureux et carbure hydrique; la matière dans la cornue se boursoufle.

CINQUIÈME PARTIE.

INFLUENCE DE LA PRESSION DE L'AIR DANS L'ÉTHÉRIFICATION, FORMATION D'HUILE DE VIN A BASSE TEMPÉRATURE.

On a pu remarquer que, dans toutes les expériences où l'éthérification de l'alcool a eu lieu, le dégagement d'éther ou des combinaisons éthérées a commencé de 130 à 140°. Curieux de m'assurer si cette singulière coïncidence était un résultat fortuit ou si l'éther ne pouvait se constituer lors de la décomposition des sels alcooliques que lorsque cette décomposition a lieu aux températures indiquées, je fis une série d'expériences où j'ai cherché à modifier l'époque de décomposition des composés alcooliques en opérant les distillations dans le vide ou sous des pressions moins considérables que celle de l'atmosphère.

L'appareil dont je fis usage consistait en une cornue à laquelle était adapté un récipient entouré d'un mélange de glace et de sel marin, et mis en communication avec le récipient d'une machine pneumatique. La cornue contenant le mélange destiné à l'essai était placé dans un bain d'huile, de manière à pouvoir bien graduer l'élévation de température.

Dans les essais précédents, nous avons vu qu'un mélange de 2 équivalents d'acide sulfurique hydraté et 1 équivalent d'alcool anhydre donnait lieu, par une élévation de température à 140°, à de l'éther, sans aucun dégagement préalable d'alcool; la quantité d'éther obtenu fut de 1/4 environ de la quantité d'alcool employée. Un mélange, composé de même, et dont une portion essayée dans les conditions ordinaires laissait dégager beaucoup d'éther lorsqu'elle était portée à la température de 140°, fut introduit dans la cornue, et le vide fut fait et maintenu à 4 centimètres de mercure.

On chauffa graduellement : à 86° le mélange entra en ébullition et il distilla de l'alcool absolu ; cette distillation d'alcool continua jusqu'à 104° ; la quantité de ce corps s'éleva successivement jusqu'à 1/4 environ de celle employée, sans qu'il ait été possible de constater la formation de l'éther. A 104° il commença à se produire des vapeurs blanches qui se condensèrent dans le récipient sous forme d'une huile parfaitement incolore, d'une saveur âcre et d'une odeur aromatique. Cette production d'huile eut lieu avant la production de l'acide sulfureux, mais il distilla en même temps de l'eau en grande quantité.

La chaleur fut successivement élevée jusqu'à 145°, toujours en maintenant la pression à 4 centimètres de mercure, et toujours on obtint de l'eau, de l'huile, et vers la fin un peu d'acide sulfureux. On a arrêté à 145°, et rétabli la pression de l'air. L'action de la chaleur sur le mélange n'a pas donné une trace d'éther, mais les produits ordinaires de la décomposition de l'alcool en présence d'un grand excès d'acide. Cette expérience fut répétée deux fois, et dans aucun de ces essais il ne fut possible de condenser la moindre trace d'éther ; seulement les dernières portions d'alcool passées avaient une odeur aromatique assez analogue à celle de l'éther, mais elles tenaient en dissolution de l'huile qui pouvait modifier l'odeur de l'alcool.

Je considère comme très-digne de remarque ce mode de décomposition de l'alcool ; sous la seule influence du vide nous voyons se détruire à une température de 86° le composé alcoolique, malgré l'affinité de l'acide pour les éléments basiques de l'alcool ; nous voyons que, dans cette décomposition, l'éther ne peut pas se former et qu'il se dégage de l'alcool alors que dans les conditions ordinaires de la distillation il ne s'en dégage pas une trace.

Enfin l'huile de vin, qui, produite à la température de 160 à 180°, pourrait être considérée comme un produit pyrogéné, indépendant de l'éthérification, a été obtenue à 104°, température certainement insuffisante pour décomposer l'alcool par la chaleur seule ; c'est même à la production de ce carbure huileux que se borne en quelque sorte l'action de l'acide sulfurique sur l'alcool lorsqu'on opère dans le vide ; cette production d'huile est considérable, et le dégagement simultané d'eau et d'huile présente une analogie frappante avec l'éthérification, où l'on voit apparaître, mais à d'autres températures et dans d'autres conditions, de l'eau et de l'éther.

Je voulus m'assurer si la formation d'éther chlorhydrique exigeait des conditions analogues ; cela me conduisit à répéter l'expérience que je viens de décrire, en employant un mélange d'alcool et de perchlorure d'étain. Ce mélange ayant été constitué à volumes égaux des deux liquides, on fit le vide à 4 centimètres de mercure. La température élevée à 30°, il se sublima un peu de combinaison alcoolique qui forma des étoiles brillantes à la naissance du col de la cornue. Vers 60° les cristaux furent remplacés par des gouttelettes de liquide. A 75° la masse fondit, et aussitôt il se dégagea en grande abondance du perchlorure d'étain dont la vapeur se condensa dans le récipient ; il se forma encore quelques cristaux, mais ils furent bientôt entraînés par le chlorure ; il se dégagea également un peu d'acide chlorhydrique. On chauffa ainsi jusqu'à 100°; à cette époque on rendit l'air.

Le liquide recueilli était fumant et coloré en rose comme une dissolution de cobalt ; c'était du perchlorure d'étain contenant une très-petite quantité d'alcool.

Comme le résidu dans la cornue répandait à l'air d'abondantes fumées de perchlorure d'étain, j'y ajoutai la moitié de la quantité d'alcool qui avait été employée précédemment. On chauffa de nouveau sous une pression de 4 centimètres de mercure :

l'ébullition se manifesta à 85°; il distilla de l'alcool pur en presque aussi grande quantité qu'il en avait été ajouté ; il distilla aussi à 95° un peu de combinaison alcoolique, qui, vers 125°, fut entraînée par la distillation d'un composé d'acide chlorhydrique et de perchlorure d'étain, accompagné d'un grand dégagement d'acide chlorhydrique. Des traces à peine sensibles d'éther chlorhydrique parurent, à en juger par la coloration de la flamme de l'alcool distillé vers 95°; aucune partie d'huile ne fut séparée des liquides condensés.

On arrêta à 160°. La matière dans la cornue était blanche, légère, chauffée avec de l'eau, elle donnait des vapeurs d'alcool; par l'action de la chaleur elle se boursoufla, se charbonna, et laissa distiller beaucoup d'huile.

Avec le perchlorure de fer des résultats analogues ont été obtenus : une grande partie de l'alcool s'est dégagée d'abord; on obtint ensuite de l'acide chlorhydrique et de l'eau, mais la production de l'éther chlorhydrique ne put être bien constatée, aucune trace de cet éther ne s'étant condensée, quoique le récipient ait été maintenu à 10° — 0. Toutefois, il ne faut pas perdre de vue que dans le vide les éthers, et surtout l'éther chlorhydrique, sont difficiles à condenser; aussi je ne saurais affirmer que dans ces différentes expériences il ne s'est pas produit des traces d'éther qui ont échappé à l'observation. Ce qui est constant c'est que dans ces réactions la plus grande partie de l'alcool, qui dans les circonstances ordinaires passe à l'état d'éther, distille sans décomposition. Les résultats de mes expériences sont d'accord avec un fait observé par M. Liebig, c'est que, lorsqu'on fait traverser par un courant d'air sec un mélange d'acide sulfurique et d'alcool chauffé à 140° et donnant de l'éther, la formation de ce corps cesse aussitôt à cause de l'abaissement de la température, et l'air entraîne de la vapeur d'alcool qui peut être condensée (1).

(1) *Handbuch der Pharmacie von Geiger*, I, 712.

La décomposition de l'alcool par les chlorures éthérifiants, sous l'influence d'une faible pression, vient confirmer les résultats des expériences précédentes, en ce qui concerne la difficulté de produire dans ces circonstances de l'éther sulfurique ; elle démontre en outre que la formation de l'éther chlorhydrique est également subordonnée à des conditions de température et de pression. Il existe toutefois entre les résultats indiqués en dernier lieu et ceux que donne l'acide sulfurique hydraté, une notable différence, en ce qu'avec l'acide sulfurique un carbure huileux distille dès 104°, tandis qu'avec le perchlorure d'étain et le perchlorure de fer ce carbure est retenu dans un état de combinaison assez stable pour résister à une température de 160°, sous une pression de 4 centimètres de mercure. Il est probable que la distillation simultanée d'eau facilite la vaporisation de l'huile en opérant avec l'acide sulfurique hydraté, mais il devrait en être de même lorsque cette distillation d'huile se trouve sollicitée par la distillation de perchlorure d'étain ou d'acide chlorhydrique.

Le brusque passage de l'état d'alcool à l'état d'huile de vin, à des températures peu élevées, sans formation d'éther, dénote, dans les corps éthérifiants, une tendance puissante à provoquer la formation de cette huile à toutes les températures, sans que la formation de l'éther comme produit intermédiaire soit nécessaire. Une preuve évidente de cette disposition se trouve dans les résultats de l'expérience suivante.

De l'alcool absolu a été saturé de gaz fluoborique. Le liquide était légèrement coloré en jaune, et répandait à l'air d'abondantes fumées blanches. Une portion de ce liquide, par son contact avec l'eau, donnait de l'alcool sans altération. On conserva la partie non employée de ce liquide dans un flacon fermé, à une température de 12 à 15°, pendant quinze jours ; au bout de ce temps elle n'avait pas changé d'aspect ; mais par son mélange avec l'eau, il s'en séparait un peu d'huile jaune, et elle prenait une odeur d'ail très-désagréable. Le mélange aqueux fut soumis à l'ébullition dans un appareil distillatoire, et l'on obtint par condensation beaucoup d'alcool infect, entraînant avec lui une matière huileuse, jaune, qui s'en sépara en partie à froid. L'odeur infecte de l'alcool paraît tenir à la production de cette matière. Par la chaleur, le liquide de la cornue prend une couleur d'un rouge brun, et des gouttelettes d'huile viennent se former à sa surface. Par le refroidissement de ce liquide, il s'en sépare des cristaux d'acide borique retenant une partie du carbure hydrique formé : ces cristaux sont mamelonnés et d'un rose lilas très-beau ; par la chaleur, ils noircissent, laissent distiller de l'huile, et se fondent ensuite. Cette combinaison acide, est peu soluble dans l'eau froide ; elle est décomposée par la potasse et présente en général peu de stabilité. Ainsi un carbure huileux a été formé à froid par un corps éthérifiant, et dans cette circonstance encore, il n'y a pas eu de production d'éther avant celle de l'huile. Le fluorure de bore est cependant le corps éthérifiant dont les propriétés sont peut-être le plus nettement marquées par mes essais ; ce corps ne donne pas naissance à une réaction aussi compliquée que l'acide sulfurique ou les chlorures, lesquels donnent, à de certaines époques des distillations, de l'acide sulfureux ou de l'acide chlorhydrique, et pour le dernier cas, souvent deux éthers différents. On sait que de 140 à 160° la combinaison d'alcool avec le fluorure de bore passe à l'état d'une combinaison éthérée.

J'ai essayé de produire ces transformations en vases clos, et j'ai opéré à la fois sur les composés alcooliques de fluorure de bore et de chlorure d'étain, mais les tubes de verre dont je me suis servi ont toujours éclaté vers la température de 140°, ce sont des essais dangereux à cause de la haute pression qui se produit, mais qu'il peut cependant être utile de tenter de nouveau, dans le but de jeter quelque nouvelle lumière sur la formation des composés éthérés.

RÉSUMÉ.

Ainsi que je l'ai dit en commençant la rédaction de ce mémoire, mon but n'a pas été de m'occuper de spéculations relatives à la constitution chimique des éthers, mais d'étendre le cadre des faits qui seuls me paraissent devoir nous conduire à asseoir enfin sur des bases inébranlables cette partie si importante de nos théories.

J'ai donc fait toutes mes expériences sans leur donner une direction spéciale vers un système arrêté, et dans mes équations j'ai employé toujours les formules brutes de $C_4 H_6 O_2$ et de $C_2 H_4 O_2$ pour désigner l'alcool et l'esprit de bois.

1. J'ai divisé mon travail en cinq parties : Dans la première, je jette un coup d'œil général sur les combinaisons que l'alcool et l'éther peuvent former avec les corps avides d'eau ; après avoir indiqué les circonstances où l'alcool et l'éther jouent le rôle de l'eau de cristallisation, je suis conduit à attribuer à ces corps le rôle d'acides ou de bases lorsqu'ils entrent dans des combinaisons qui présentent tous les caractères d'une matière saline. Ce n'est pas sans une certaine hésitation que j'ai admis l'existence de composés alcooliques dans lesquels l'alcool joue le rôle de base. En présence de nos idées sur la constitution de l'alcool, idées qui tendent à envisager ce corps comme un hydrate d'éther, je devais être conduit à regarder les combinaisons d'alcool comme des combinaisons d'éther et d'eau. Rien n'empêche sans doute de les envisager ainsi, mais rien ne conduit forcément à le faire ; et certes, en examinant la question sans préoccupation de nos théories sur la constitution des alcools et des éthers, on admettra sans difficulté l'existence de composés alcooliques, quelque peu de stabilité que ces composés puissent présenter dans quelques circonstances. Ce sont, du reste, des questions que

j'abandonne à la sagacité des auteurs des diverses théories sur l'éthérification.

J'ai cru nécessaire d'admettre l'existence des composés alcooliques, parce que j'avais à distinguer ces corps d'une autre série également nombreuses de composés que j'ai obtenus directement par la combinaison de l'éther avec les corps avides d'eau, et dont les propriétés diffèrent essentiellement de celles des composés alcooliques. Ainsi, tandis que par l'action de l'eau mes composés alcooliques donnent toujours de l'alcool, mes composés éthérés donnent toujours de l'éther ; tandis que tels composés alcooliques s'altèrent par la chaleur en donnant de l'éther, de l'huile, etc., les composés éthérés correspondants se volatilisent sans altération ; de ce nombre sont les composés que forme le perchlorure d'étain. D'autres composés alcooliques sont vaporisables sans altération et ne se transforment en composés éthérés que sous l'influence d'une température de 140° environ ; telle est la combinaison de l'alcool avec le fluorure de bore.

Ce que je dis ici de l'alcool quant aux combinaisons dans lesquelles il entre est également applicable à l'esprit de bois.

J'ai fait voir que le rôle basique appartient non seulement à l'alcool, à l'esprit de bois et à l'éther sulfurique, mais que les éthers des hydracides se trouvent dans le même cas ; j'ai fait connaître le résultat de quelques essais sur cette sorte de composés.

2. Dans la deuxième partie de mon travail, je m'occupe de l'action de la chaleur sur les combinaisons alcooliques et méthyliques ; celles d'abord où l'alcool et l'esprit de bois jouent le rôle d'acides ; celles ensuite où ces corps forment l'élément électropositif des composés.

Les combinaisons des bases puissantes avec l'alcool ou l'esprit de bois ne donnent jamais d'éther par l'action de la chaleur ; leur décomposition n'a lieu généralement qu'à une température peu élevée, et les parties d'alcool ou d'esprit de bois qui sont retenues ne sont décomposées que vers la température de 250°, et donnent lieu dès-lors à des carbures hydriques à l'état de gaz et dans quelques circonstances à une huile empyreumatique.

Les combinaisons d'alcool et de certains chlorures métalliques donnent toujours de l'éther vers la température de 140°, lorsque la combinaison est soumise à l'action de la chaleur en présence d'un excès d'alcool : l'éther qui se dégage est alors de l'éther sulfurique en partie. Lorsque l'on opère avec un excès de chlorure éthérifiant, il ne se produit que de l'éther chlorhydrique qui, dans ce dernier cas, peut être obtenu à la température de 85 à 90°. L'éther ne se dégage pas toujours à l'état de liberté ; en opérant avec des chlorures volatils, l'éther s'obtient souvent et surtout vers la fin des distillations à l'état de combinaison avec ces chlorures.

En opérant la distillation d'un mélange de 100 parties de perchlorure d'étain avec 53,79 parties d'alcool absolu, ou 2 équivalents perchlorure pour 3 équivalents alcool, on obtient la plus forte proportion d'éther. Pour le perchlorure de fer la proportion la plus convenable est celle de 100 perchlorure et de 57,82 alcool absolu, c'est-à-dire 2 équivalents alcool pour 1 équivalent perchlorure. Lorsqu'on emploie des proportions d'alcool plus considérables que celles indiquées, l'excès distille sans décomposition avant l'éthérification.

La présence d'un peu d'eau peut nécessiter des modifications dans les proportions indiquées, mais n'empêche pas l'éthérification d'avoir lieu.

Les mélanges d'alcool absolu et de perchlorure d'étain ou de perchlorure de fer anhydre, faits dans les proportions convenables pour être représentés par les formules: $2\,Sn\,Cl_2$, $3\,C_4\,H_6\,O_2$ et $Fe_2\,Cl_3\,2\,C_4\,H_6\,O_2$, peuvent être conservés pendant quinze jours dans le vide, sans perdre aucune partie des corps mis en présence et sans subir aucune altération.

La constitution des composés éthérés a lieu également dans des rapports simples et qui paraissent correspondre à ceux qui président à la formation des composés alcooliques. En faisant un mélange de 100 parties de perchlorure d'étain et 57,88 d'éther absolu, ce qui représente 2 équivalents d'éther pour un équivalent de perchlorure, et en plaçant ce mélange dans le vide à la température ordinaire, un excès d'éther libre se volatilise et cet excès représente 1/4 de la quantité employée, de sorte que le composé qui reste doit être formulé par $2\ Sn\ Cl_2\ 3\ C_4\ H_5\ O$. En chauffant ce produit dans le vide jusqu'à 40 ou 50°, il distille et se condense dans le col de la cornue à l'état de beaux cristaux brillants, présentant la forme de tables rhomboïdales.

L'éthérification a été produite par l'action de la chaleur sur les composés alcooliques de perchlorure d'antimoine, de chlorure de zinc et de chlorure d'aluminium. Ce dernier ne donne que de l'éther chlorhydrique. Le chlorure d'arsenic ne m'a pas donné d'éther. L'action de la chaleur sur les composés d'alcool et de fluorure de bore donne à 140° une combinaison éthérée qui distille : avant 140°, une partie du composé alcoolique se vaporise sans altération. Le produit dans la cornue se transforme successivement en un composé éthéré donnant de l'éther par son mélange avec l'eau. En opérant avec le perchlorure d'étain, le résidu dans la cornue, après dégagement d'une partie d'éther, donne, par le contact de l'eau, constamment de l'alcool. Cette différence peut être attribuée à la grande volatilité du composé éthéré de perchlorure d'étain qui fait que ce composé s'échappe en vapeur dès qu'il est produit, ce qui n'a pas lieu pour le composé d'éther et de fluorure de bore, qui ne se vaporise que vers 140°. Le fluorure de silicium ne donne pas lieu à l'éthérification de l'alcool.

3. Après l'éthérification de l'alcool par les chlorures et les fluorures métalliques, je me suis occupé d'examiner l'action de ces agents sur l'esprit de bois à une température élevée. Nous

avons dit que l'esprit de bois formait des combinaisons correspondantes aux combinaisons alcooliques. L'action de la chaleur sur ces composés, où l'esprit de bois joue le rôle électro-positif, présente une grande analogie avec celle qu'elle exerce sur les composés alcooliques. Lorsque dans le mélange d'esprit de bois et de chlorure éthérifiant l'esprit de bois domine, il se forme, ainsi que cela a lieu pour l'alcool, deux espèces d'éther : un éther méthylique particulier qui vient se condenser à la température 0 et se maintient liquide à la température ordinaire, et de l'éther méthylhydrochlorique qui ne se condense qu'à des températures très-basses. Lorsque les chlorures sont en grand excès, ce n'est que ce dernier éther qui se produit. Les températures auxquelles l'éthérification de l'esprit de bois a lieu, sont généralement moins élevées que celles qui conviennent à l'éthérification de l'alcool. Ces températures sont celles de 125 à 130°. La proportion la plus favorable pour produire l'éthérification par le perchlorure d'étain paraît celle de deux équivalents d'esprit de bois et un équivalent de perchlorure. La réaction des chlorures éthérifiants sur l'esprit de bois présente cette différence remarquable avec celle produite sur l'alcool, qu'avec l'esprit de bois le mélange se colore toujours en rouge brun, et que par l'addition de l'eau sur ce mélange il se précipite une matière d'apparence résineuse, ce qui n'a pas lieu avec l'alcool ; enfin, les résidus de la distillation contiennent toujours une matière résineuse ou du charbon, et les chlorures s'y trouvent ramenés à l'état de protochlorures.

Le fluorure de bore transforme l'esprit de bois en éther méthylique ordinaire très-difficilement condensable; cet éther ne se dégage jamais isolé, mais toujours combiné avec du fluorure de bore, dont il se sépare par le contact de l'eau.

Le fluorure de silicium ne donne pas plus d'éther avec l'esprit de bois qu'avec l'alcool.

4. La quatrième partie de mon travail a rapport à l'action de

l'acide sulfurique anhydre sur l'alcool absolu. J'ai constaté que, contrairement à l'opinion généralement admise, l'acide sulfurique sec pouvait aussi transformer l'alcool absolu en éther, et j'ai fait connaître la condition à laquelle cette transformation a lieu.

J'ai fait voir qu'un mélange de deux équivalents d'acide sulfurique anhydre et d'un équivalent d'alcool absolu ne donnait jamais d'éther, mais qu'en employant un mélange constitué dans la proportion d'un équivalent d'acide pour un équivalent d'alcool, l'éthérification avait lieu aux températures ordinaires, c'est-à-dire de 140 à 160°. Lorsqu'on emploie une plus grande quantité d'alcool, l'excès d'alcool distille avant l'éthérification ; mais lorsqu'on augmente un peu la quantité d'acide, on obtient une plus grande quantité d'éther. Les proportions qui m'ont donné le plus d'éther sont celles de quatre équivalents d'acide pour trois équivalents d'alcool absolu.

L'éthérification par l'acide phosphorique anhydre n'a lieu que très-incomplètement et seulement en opérant avec un excès d'alcool.

L'esprit de bois anhydre donne avec l'acide sulfurique anhydre de l'éther méthylique, lorsque dans le mélange l'esprit de bois domine.

La manière la plus simple de se rendre compte de l'éthérification, tant en ce qui concerne les chlorures que les acides anhydres, consiste à assimiler la décomposition des composés alcooliques neutres ou même basiques en ce qui concerne les chlorures, à la décomposition de beaucoup de sels ammoniacaux qui, de neutres, passent par l'action de la chaleur à l'état de sels acides, en perdant de l'ammoniaque, avec cette différence toutefois que lorsque l'alcool est déplacé à la température de 140 à 150° il se convertit en éther et en eau. L'eau est retenue en partie par les acides et peut même être entièrement décomposée par les chlorures éthérifiants en donnant naissance à de l'acide chlorhydrique et à de l'oxide. Cette manière d'envisager le phénomène de l'éthérification explique facilement comment l'acide sulfurique peut servir à transformer successivement en éther et en eau une quantité presque illimitée d'alcool de densité convenable, ajoutée peu à peu au mélange éthérifiant ; elle ne nécessite pas de faire intervenir une force occulte ainsi que l'ont proposé MM. Mitscherlich et Berzélius.

En considérant l'éthérification par l'acide hydraté comme le résultat de la décomposition d'un bisulfate d'alcool ou d'éther et d'eau (acide sulfovinique), on se rend compte encore de la réaction en attribuant à l'eau les propriétés basiques. L'eau joue en effet un rôle dans ces réactions, car j'ai fait voir que bien que deux équivalents d'acide anhydre ne donnent pas d'éther avec un équivalent d'alcool absolu, à cause de l'excès d'acide, on obtient une grande quantité d'éther en employant deux équivalents d'acide hydraté.

Dans tous les cas d'éthérification, il faut que la décomposition des composés alcooliques ait lieu à la température de 130 à 140° pour donner de l'éther. J'ai démontré l'évidence de ce fait dans la dernière partie de mon travail.

5. J'ai fait voir que lorsqu'on opère dans le vide la distillation d'un mélange de deux équivalents d'acide sulfurique hydraté et d'un équivalent d'alcool absolu, mélange qui, dans les circonstances ordinaires, donne de l'éther, l'ébullition commence à 50°, il distille de l'alcool jusqu'à 104°, époque à laquelle il passe de l'huile de vin et de l'eau sans éther.

Avec les chlorures éthérifiants des résultats analogues ont lieu; il ne se forme pas une quantité bien sensible d'éther chlorhydrique; mais avec ces corps éthérifiants il ne distille pas d'huile, même à la température de 160°.

Dans la réaction par l'acide sulfurique, la formation d'huile de vin sans éther à la température de 104°, après un dégagement d'alcool, est digne de remarque ; elle montre que pour l'éthérification en général la température de 140° environ est d'absolue nécessité.

Quant aux carbures huileux, ils peuvent être obtenus même à froid : c'est ce qui se trouve démontré par l'action lente du fluorure de bore sur l'acool absolu.

Dans le grand nombre d'expériences consignées dans ce travail, il en est beaucoup sans doute qui méritent un examen plus étendu. Telles sont les réactions des acides et des chlorures anhydres sur les éthers des hydracides et par suite sur les éthers organiques; l'action lente des chlorures et fluorures éthérifiants sur l'alcool : des recherches analytiques sont aussi nécessaires pour fixer les idées sur différents points, notamment sur la nature de l'éther méthylique liquide produit par les chlorures; sur le composé cristallin rose obtenu par l'action de l'eau sur le résultat de la décomposition lente du fluorure de bore par l'alcool ; il s'agit enfin de faire ressortir l'analogie qui existe entre les composés que j'ai fait connaître et les produits désignés sous le nom de sels éthérés de Zeize. Il m'eût été agréable de compléter mieux le cadre de mes recherches ; mais empêché par mes occupations industrielles de poursuivre en ce moment ce travail, j'ai cru, dans l'intérêt des questions théoriques qui s'y rattachent, devoir le livrer, quelque incomplet qu'il soit, à la connaissance des chimistes en appelant leur attention sur les différents points qu'il laisse indécis.

UTILITÉ DES CARBONATES ALCALINS

POUR ÉVITER

L'INCRUSTATION DES CHAUDIÈRES A VAPEUR.

1841.

Le problème à la solution duquel je consacre ces lignes est d'un haut intérêt pour l'industrie manufacturière; c'est un problème dont la solution peut exercer une influence considérable sur la propagation de l'emploi des moteurs à vapeur.

Les croûtes qui s'attachent aux parois intérieures des chaudières présentent des inconvénients de plus d'une espèce; en empêchant le contact immédiat du liquide avec le métal, elles portent obstacle à une bonne utilisation de la chaleur du foyer et donnent lieu fréquemment à l'altération des chaudières dans les parties les plus rapprochées du foyer, et dont la température peut s'élever au point de permettre la combustion du métal ou du moins la dislocation des joints de la tôle. Elles donnent lieu à un autre inconvénient non moins grave, et celui-là est de nature à appeler, sur les recherches qui tendent à éviter leur formation et leur adhérence, l'attention des philanthropes et des gouvernements eux-mêmes, c'est le danger d'explosion.

Lorsque, par quelque temps de travail, des croûtes assez épaisses se sont formées au fond des chaudières, et que par suite de la rupture de ces croûtes déterminées par la grande dilatation de la tôle où elles étaient adhérentes, le liquide est tout-à-coup mis en contact avec des parties de métal chauffées à une température excessive, il se forme subitement une masse de vapeur telle, qu'elle agit sur la chaudière comme le ferait un violent coup de marteau, et peut en déterminer l'explosion malgré l'existence des appareils de sûreté.

Plusieurs procédés plus ou moins efficaces ont été successivement proposés pour s'opposer à ces incrustations ou pour en diminuer l'adhérence. Dans ces derniers temps, l'académie des sciences, en décernant un prix Monthyon à l'auteur de l'application de l'argile, a donné la mesure de l'intérêt général qui s'attache à cette question. Je crois donc faire une chose utile aux propriétaires d'appareils à vapeur en publiant quelques observations nouvelles et en indiquant un procédé qui me paraît résoudre, dans la plupart des circonstances, le problème que je me suis proposé.

Jusqu'alors on avait en quelque sorte attendu du hasard l'indication du remède aux inconvénients signalés; j'ai cru que l'on y arriverait plus sûrement en analysant les causes et les circonstances de la formation des croûtes des chaudières à vapeur, et en appelant à son aide quelques notions élémentaires de la science.

A l'exception des rares circonstances où l'on peut faire usage, pour l'alimentation des chaudières à vapeur, de l'eau de pluie ou de l'eau provenant de la condensation de la vapeur, la vaporisation de grandes masses d'eau doit nécessairement donner lieu à des dépôts dont la quantité doit varier suivant la nature de l'eau de rivière ou de source qui a été employée. Ces dépôts consistent principalement en carbonate et en sulfate de chaux. Le carbonate de chaux était dissous dans l'eau à la faveur d'un peu d'acide carbonique libre qui s'en échappe lentement pendant l'ébullition du liquide, aussi le carbonate se dépose-t-il en présentant des dispositions cristallines donnant de la consistance aux croûtes. Le sulfate de chaux se dépose également avec lenteur au fur et à mesure que l'eau se vaporise, et sa cristallisation est plus apparente encore. Je considère la cristallisation de ces produits comme la cause essentielle de la solidification des croûtes des chaudières, et je tiens pour constant que si l'eau des générateurs pouvait être maintenue continuellement dans un état de grande agitation, l'on s'opposerait à la cristallisation et par conséquent à la formation de tout dépôt dur et adhérent. Ce qui vient confirmer cette opinion, c'est que j'ai observé que les générateurs qui travaillent jour et nuit ne s'incrustent pas si facilement, proportionnellement à la quantité d'eau vaporisée, que ceux qui chôment la nuit.

Les procédés employés jusqu'ici pour s'opposer à la formation des croûtes agissent mécaniquement ; les uns, tels que ceux fondés sur l'emploi de la pomme de terre et en général des matières amilacées, gommeuses ou sucrées, en donnant une certaine viscosité au liquide, portent un léger obstacle à la cristallisation des sels calcaires. L'interposition de l'argile entre les molécules cristallines peut aussi en diminuer l'adhérence et la consistance, mais les résultats de ces applications diverses sont incomplets, et l'emploi de l'argile présente en outre l'inconvénient d'augmenter encore les résidus solides que laisse la vaporisation ; cette argile est souvent entraînée, lors des projections d'eau, dans les conduits de vapeur, et peut empêcher le jeu des robinets. L'un des procédés où l'action mécanique est le mieux utilisée est celui qui consiste à introduire dans les chaudières des cassons de verre, des découpures de tôle ou autres corps pesants et anguleux, dont le frottement contre les parois des chaudières empêche l'adhérence des dépôts partout où ces corps peuvent exercer ce frottement (1).

---

(1) Un brevet d'invention a été pris récemment par MM. Néron et Kurtz pour l'emploi des matières colorantes dans le but de prévenir l'incrustation des chaudières à vapeur. D'après différents rapports qui ont été faits sur cette appli-

Persuadé que le but proposé ne sera complètement atteint qu'en rendant toute cristallisation impossible, j'ai cherché le remède aux inconvénients signalés dans un autre ordre d'idées. J'ai abandonné les moyens mécaniques de s'opposer à la cristallisation des sels calcaires, et j'ai eu recours à leur décomposition ou à leur précipitation confuse dès l'entrée des eaux d'alimentation dans les chaudières.

Je me suis servi à cet effet des carbonates alcalins que j'introduis dans les chaudières en quantité suffisante pour convertir le sulfate de chaux des eaux en carbonate, et pour enlever au carbonate de chaux dissous par un excès d'acide carbonique l'acide qui lui sert de dissolvant.

Lorsque les eaux contiennent du sulfate de chaux, la quantité de carbonate alcalin nécessaire est proportionnelle à la quantité de sel séléniteux que contient l'eau et à la masse d'eau

---

cation il paraît qu'elle donne des résultats satisfaisants. Ces résultats ne peuvent être dus qu'à la formation de laques de chaux qui n'affectant aucune cristallisation ne donnent lieu à aucune adhérence. Si mon explication est vraie, des résultats tout aussi complets seront obtenus par l'emploi des écorces d'arbres qui contiennent du tannin ou de toute autre matière formant des combinaisons insolubles avec les sels de chaux au moment de leur solidification.

Voici toutefois ce qu'on lit dans le compte rendu de la séance générale du 23 décembre 1840 de la Société industrielle de Mulhouse (*Moniteur industriel*, 7 janvier 1841) : « M. John-H. Smith, de Londres, croit devoir donner avis à la Société que le procédé de MM. Néron et Kurtz pour prévenir l'incrustation des chaudières à vapeur était connu et pratiqué en Angleterre bien longtemps avant que ces messieurs se fussent fait patenter pour cet objet ; mais qu'on a dû y renoncer après en avoir reconnu les inconvénients. Il résulte des renseignements fournis par M. Smith qu'un autre procédé est employé avec plus de succès. Ce procédé consiste à couvrir presqu'en entier la partie inférieure des bouilleurs qui se trouve exposée à l'action immédiate du feu de rognures de fer-blanc, de tôle ou de zinc, que l'on découpe par fragments anguleux. Ces rognures ainsi déposées jouent avec facilité et se trouvent sans cesse en mouvement par l'ébullition de l'eau ; de cette manière elles préservent complètement la chaudière de toute incrustation. »

qu'il s'agit de vaporiser; et pour les eaux très-chargées de cette matière saline, la quantité de sel alcalin nécessaire devient assez considérable, mais par contre les dangers d'incrustation, si l'on n'a pas recours à un moyen de préservation, se produisent à un plus haut degré et plus fréquemment. Et en supposant même que tout le sulfate de chaux ne fut pas décomposé, la craie formée agirait d'une manière efficace par une action mécanique analogue à celle qu'exerce l'argile.

La seule circonstance où l'application du sel alcalin de potasse ou de soude deviendrait onéreuse, c'est celle où l'eau, en outre du sulfate de chaux, contiendrait une grande quantité de chlorure de calcium ou de magnésium dont la décomposition s'effectuerait également et augmenterait la quantité du dépôt terreux.

La condition la plus favorable à l'emploi des carbonates alcalins est celle où l'eau est plus particulièrement chargée de carbonate de chaux ou de carbonate de fer dissous par un excès d'acide carbonique, et c'est heureusement celle qui se présente le plus fréquemment dans l'alimentation des chaudières à vapeur. Dans ces cas une réaction chimique assez remarquable se produit et permet la précipitation d'une grande quantité de carbonate de chaux non cristallin et par conséquent non adhérent, avec une très-petite quantité de carbonate alcalin. En introduisant dans un générateur un peu de carbonate de potasse ou de soude, le carbonate de chaux est précipité aussitôt et le carbonate de potasse ou de soude passe à l'état de sesqui-carbonate puis de bi-carbonate. Mais sous l'influence de la chaleur ce dernier sel se décompose et se trouve ramené à l'état de sesqui-carbonate. Aussitôt que, pendant le travail de la chaudière, de nouvelle eau d'alimentation y est injectée, cette eau laisse précipiter confusément son carbonate de chaux; l'excès d'acide carbonique se trouvant saisi par le sesqui-carbonate alcalin qui, devenu bi-carbonate, le laisse à son tour échapper lentement pendant l'ébullition du liquide pour agir par précipitation sur une nouvelle quantité de carbonate de chaux dissous, à la faveur de l'acide carbonique. C'est ainsi que je crois pouvoir rendre compte de la propriété que possède le carbonate de potasse ou de soude de déterminer la précipitation confuse d'une très-grande quantité de carbonate de chaux. Par une expérience de plus d'un an, j'ai reconnu dans mes usines la grande efficacité de ce procédé, et mes résultats ont été confirmés par des essais faits par M. Hallette, à Arras.

Le carbonate de chaux tel qu'il s'extrait des chaudières après un mois ou six semaines de travail est à l'état d'une division extrême; aucune adhérence ne se remarque; celle des anciennes croûtes de chaudières est même détruite. Pour obtenir ces résultats avec une eau chargée de beaucoup de carbonate de chaux, je fais usage de 100 à 150 grammes de sel de soude à 80° alcalimétriques par force de cheval et par mois de travail. Cette quantité devrait être plus considérable s'il s'agissait de déterminer la décomposition du sulfate de chaux, mais dans ce dernier cas encore mon procédé me paraît utilement applicable.

Pour l'eau de mer, où il se forme des dépôts séléniteux avant la cristallisation du sel marin, il me paraît préférable d'avoir recours aux moyens mécaniques; si l'on voulait opérer par décomposition, comme cette eau contient une plus grande quantité de chlorures calcaires et magnésiens que de sulfate de chaux et de sulfate de soude, il serait préférable d'introduire dans les chaudières du chlorure de barium que de faire usage de carbonates alcalins. Ce chlorure pourrait être fabriqué assez économiquement s'il trouvait un emploi de quelque importance. Je n'ai toutefois aucun résultat d'expérience à présenter à l'appui de cette dernière application, dont la question d'économie peut en grande partie décider du mérite.

Observations. — Dans les premiers mois de 1847, divers journaux anglais ont parlé des résultats avantageux qui ont été obtenus de l'emploi du chlorhydrate d'ammoniaque pour éviter la formation des croûtes de chaudières. Ce sel, dont j'ai fait récemment l'essai, agit avec quelque efficacité en transformant en chlorure de calcium le carbonate de chaux qui se dépose dans les chaudières, mais il ne décompose pas le sulfate de chaux et ne s'oppose pas à sa cristallisation.

S'il a l'avantage de ne pas précipiter la base des chlorures calcaires et magnésiens de l'eau, il présente le grave inconvénient de ne décomposer qu'une quantité limitée de carbonate de chaux équivalent par équivalent, de telle sorte que pour les eaux très-chargées de carbonate de chaux, il faudrait employer une grande quantité de sel ammoniac dont le prix est six fois plus élevé que celui du sel de soude.

TABLE DES MATIÈRES.

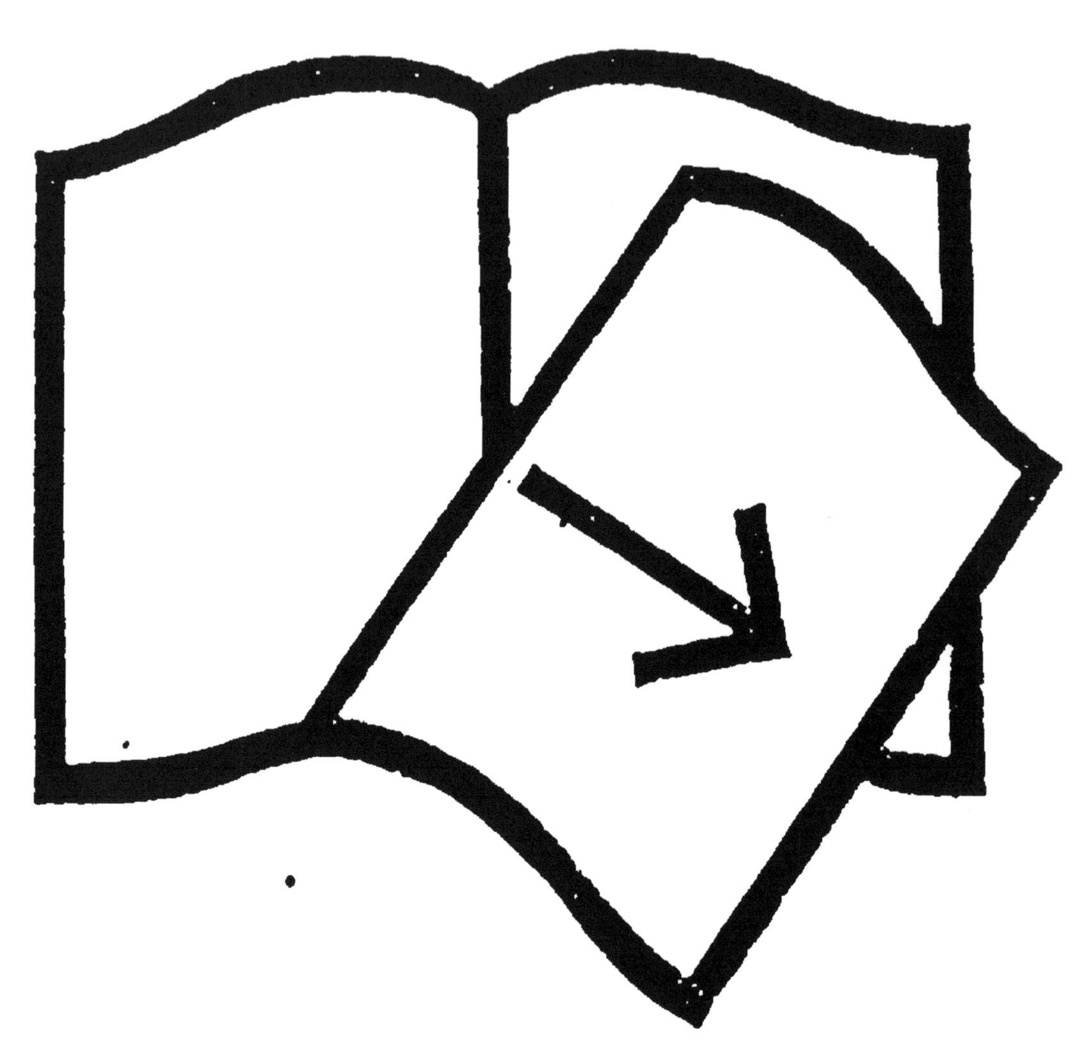

Documents manquants (pages, cahiers...)

NF Z 43-120-13

www.ingramcontent.com/pod-product-compliance
Ingram Content Group UK Ltd.
Pitfield, Milton Keynes, MK11 3LW, UK
UKHW021054230726
13926UKWH00004B/1834

9 782013 587822